放下，才能幸福。

连山 编著

心若放宽，
处处是晴天

吉林出版集团股份有限公司

版权所有　侵权必究

图书在版编目（CIP）数据

心若放宽，处处是晴天 / 连山编著. -- 长春：吉林出版集团股份有限公司，2018.9
　ISBN 978-7-5581-5781-3

Ⅰ.①心… Ⅱ.①连… Ⅲ.①人生哲学 – 通俗读物
Ⅳ.① B821-49

中国版本图书馆 CIP 数据核字（2018）第 221467 号

XIN RUO FANGKUAN，CHUCHU SHI QINGTIAN
心若放宽，处处是晴天

编　　著：	连　山
出版策划：	孙　昶
项目统筹：	郝秋月
责任编辑：	徐巧智　姜婷婷
装帧设计：	韩立强
出　　版：	吉林出版集团股份有限公司
	（长春市福祉大路 5788 号，邮政编码：130118）
发　　行：	吉林出版集团译文图书经营有限公司
	（http://shop34896900.taobao.com）
电　　话：	总编办 0431-81629909　营销部 0431-81629880 / 81629900
印　　刷：	天津海德伟业印务有限公司
开　　本：	880mm×1230mm　1/32
印　　张：	6
字　　数：	145 千字
版　　次：	2018 年 9 月第 1 版
印　　次：	2019 年 7 月第 2 次印刷
书　　号：	ISBN 978-7-5581-5781-3
定　　价：	32.00 元

印装错误请与承印厂联系　　电话：022-82638777

前言 PREFACE

  现代社会的生活和工作节奏变得越来越快，有很多人开始变得过于"执着"：执着于可能到来的成功，执着于绚丽多姿的生活，执着于不愿放手的感情……于是有些人就将"最近比较烦"挂在了口头，眉头紧锁，焦躁不安，以至再也抓不到幸福的身影了。

  过于执着，换言之就是放不下。佛说：放下，便得自在。人生如舟，不可负载过多过重，有些事情是不必在乎的，有些东西是必须放下的。其实，幸福就像流沙一样，你抓得越紧，它就流得越快。人生不长不短，红尘纷扰总在所难免，但有些欲望可以抑制，有些争执可以让步，有些烦恼可以抛开。人们总会在一切都成为过眼烟云时才恍然觉悟：那些执迷、计较、忧虑、恐惧何苦来着？原来能放下多少，幸福就有多少。如果不懂得放下，势必让自己的生命之舟载着太多的物欲和虚荣，就可能在抵达彼岸前中途搁浅或沉没。

  放下是一种心态，更是一种智者的胸怀。它需要我们清除内心的污垢，珍惜拥有，放弃执念，学会换个角度看待自己和周围的人与事，宽恕别人的过错，积攒心态和情绪上的正能量，不戚于逆境，不自满于成功。如此，我们才能远离烦恼，俘获难得的宁静，体悟人生幸福的真谛。

放下是一种选择，更是一种生活的智慧。放下那些不适合自己去充当的社会角色，放下束缚你的人情世故，放下牵绊你的功名利禄，放下徒有其表的奉承夸奖，放下各种蒙住你眼睛的假象，你才能努力做好自己应该做的事，主题明确地直奔自己应该追求的目标，坚定不移地走自己的路。

放下是人生的大境界，是一种超然、一种解脱。懂得放下的人，弱水三千，只取一瓢饮；懂得放下的人，事情再多，只取最重要的完成；懂得放下的人，绝不会为了金钱、名利这样的身外之物牺牲自己的健康、幸福和快乐。只有该放下时放下，你才能够腾出手来，抓住真正属于你的快乐和幸福。

本书从为人处世、交友、职场、情感、婚恋等不同角度，将放下的智慧娓娓道来。它是一本温暖的心灵治愈书，以宽心为宗旨，闲暇时品读，定能让烦恼从身边消除，让快乐、健康、阳光成为生活的主旋律。

目录

第一章　幸福从放下的那一刻开始
——有些事情不必在乎，有些东西必须清空

放手，转身遇见幸福　///1

释怀过去方能拥抱幸福　///3

心中清净，幸福自来　///5

学会放下，成全幸福　///7

"放下"是一种觉悟，更是一种自由　///10

心中梁木一根，放下就是舵和桨　///12

放下一切，才是幸福的起点　///14

第二章　放下虚荣和贪念
——苹果非要吃红的吗

知足才能常乐，贪婪永无安宁　///17

放下强出头的欲望，才能做好事　///19

逞强不算强，你需要的是"示弱"　///21

远离名利烈焰，让生命逍遥自由　///24

内心不依赖外物，即获得自由　///27

提放自如，可得大自在　///29

得失常挂心，宠辱皆心惊　///32

第三章　放下自卑和无端忧虑
——世上没有过不去的坎

从阴影中走出来，以积极状态创业　///35

没有过不去的坎，只有过不去的心　///38

改变心境，发现生活的美好　///40

记住，明天又是新的一天　///43

调节身心，做情绪的主人　///45

第四章　放下嫉妒和抱怨
——在宽容的围墙里亲吻幸福

放下抱怨才能亲吻幸福　///49

算计别人将会误伤自己　///51

不以己心定善恶　///54

摘下有色眼镜，不以一时荣辱取人　///57

放下抱怨，把微笑送给刁难自己的人　///59

放下多疑，拉近心与心的距离　///61

第五章　放弃执念和妄念
——转个弯就是阳光普照

失败时，不妨换个角度思考　///65

人生处处有死角，要懂得转弯　///68

掬一捧清泉，原来只需换个地方打井　///70

从没有一艘船可以永不调整航向　///73

无意义的坚持会让你走更多弯路　///75

物极必反，要学会及时停止　///77

柠檬太酸，就做成柠檬水　///81

第六章　放下苛求，笑纳缺憾
——有种幸福叫饶过自己

幸福榜单上，第二名也是英雄　///83

放下别人的看法，活出自己的特色　///85

放弃模仿，挖掘自我本色　///87

放下完美情结，不完美的才是人生　///89

人生不是演出，摘下虚伪面具　///91

第七章　放下身段和面子
——地低成海，俯下身子更易成功

抱着学习姿态，切勿好为人师　///93

输赢只是暂时，并非永远　///95

自主创业，放下身份天地宽　///98

小钱也是钱，小生意也不放过　///99

放下面子，创业没有门槛　///101

创业就不能做"行动的矮子"　///104

学习温商生意经：吃大苦发大财　///107

职场女性，学会"鸵鸟姿态"　///109

尊重上司，你才能成为事业舞台上的主角　///112

第八章　放手错爱，幸福花开
——去找你的下一个碧海青天

相爱就是给彼此自由　　///115

缘分莫强求，聚散惜缘随缘　　///118

放开他并不等于失去他　　///120

给爱一条生路，也给彼此一条生路　　///122

放手错误的爱，留下淡淡余香　　///124

别把感情浪费在不合适自己的人身上　　///127

天涯生芳草，何苦纠缠不放　　///129

盲目地选择爱情，是不幸的序曲　　///132

成人之美，成金之爱　　///134

第九章　放下浮躁和自寻烦恼
——给自己来杯忘情水

世间烦恼，皆由"我"起　///137

剔除了杂质，才会留下无暇之美　///139

丢弃烦恼，重视手边清楚的现在　///142

剪掉不必要的生活内容　///144

放下自寻烦恼的状态　///146

放下浮躁，人生静如禅　///150

放下不满，活着便是幸福　///152

驱除阴影，做最阳光的自己　///154

悬崖深谷处，撒手得重生　///157

第十章　放慢节奏，乐活当下
——珍惜现在拥有的幸福

生死如来去，重来去自在　///159

脱去复杂的洋装才能幸福地生活　///162

太忙碌，会错失身边的风景　///164

在人生路上轻装前行　///166

跳出忙碌，丢掉过高的期望　///169

抛开一切，让自己闲一段　///172

一念心清净，尽享生命清闲　///173

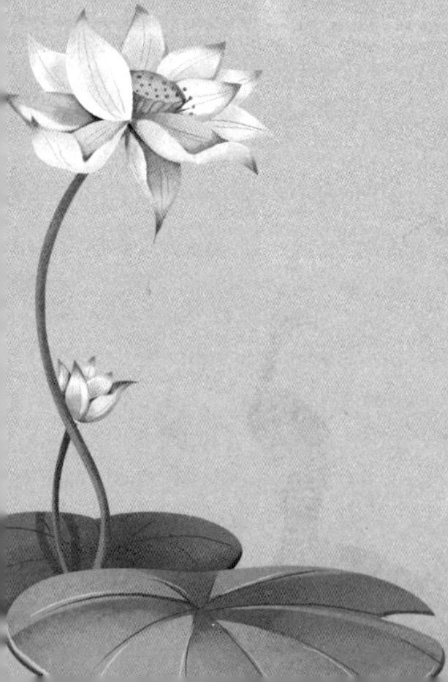

>>> 第一章
# 幸福从放下的那一刻开始
——有些事情不必在乎，有些东西必须清空

现代社会，人们生活富裕了，但压力越来越大；收入增加了，幸福却越来越少。其实，压力的大小，主要取决于自己的心态。幸福不幸福，就看你是否学会了放下。放下，是一种生活的智慧；放下，是一门心灵的学问，只有该放下时放下，你才能够腾出手来抓住真正属于你的快乐和幸福。

放手，转身遇见幸福

人活在世上，不能不在乎某些东西。于是，伤害过你的人，你就用几倍的伤害给予他们重创。心理得以平衡之后，有一天你又被伤害，你又开始报复。周而复始，你终日被报复充斥，成了报复的囚徒，苍白了信仰，空虚了精神，丢掉了理想，可惜了美德，得到的只是伤害。

当我们憎恨仇人时，就等于给了他们制胜的力量，而这种力量会让我们寝食难安、魂不守舍、心烦意乱，最终甚至导致疾病和死亡。这样看来，报复不仅让我们无法实现对别人的打击，反倒成为对自己内心的一种摧残。紧抓住仇恨不放，幸福便将远离。幸福，其实

就在懂得放手的那一刻转身。

　　古希腊神话中有一位大英雄叫海格力斯。一天，他走在坎坷不平的山路上，发现脚边有个袋子似的东西很碍脚，他踩了那东西一脚，谁知那东西不但没有被踩破，反而膨胀起来，加倍地扩大着。海格力斯恼羞成怒，操起一根碗口粗的木棒砸它，那东西竟然长大到把路堵死了。

　　正在这时，山中走出一位圣人，对海格力斯说："朋友，快别动它，忘了它，离它远去吧！它叫仇恨袋，你不侵犯它，它便小如当初；你侵犯它，它就会膨胀起来，挡住你的路，与你敌对到底！"

　　茫茫人世间，我们难免与别人产生误会、摩擦，如果不注意，在我们惊动仇恨之时，仇恨袋便会悄悄成长，你的心灵就会背上报复的重负而无法获得自由。报复会把一个好端端的人驱向疯狂的边缘，使你的心灵得不到片刻安宁，报复同样会驱赶幸福，使你失去永恒的幸福的滋味。

　　有一位好莱坞的女演员，失恋后，怨恨和报复使她的面孔变得僵硬而多皱，她去找一位有名的化妆师为她美容。这位化妆师深知她的心理状态，中肯地告诉她："你如果不消除心中的怨和恨，我敢说全世界任何一位美容师也无法美化你的容貌。"

圣人说："怀着爱心吃菜，也要比怀着怨恨吃牛肉好得多。"如果我们的仇人知道怨恨使我们精疲力竭，使我们紧张不安，使我们的外表和内心都受到伤害的时候，他们不是会拍手称快吗？我们岂能让仇人控制我们的快乐、我们的健康和我们的外表？

莎士比亚曾经说过："不要因为你的敌人而燃起一把怒火，让心中的烈焰烧伤自己。"明智如你，理应让愁怨远离。人们追求幸福，却总以为击败自己的敌人，报复自己的仇家就能够获得解脱，得到幸福，殊不知，复仇的心正如同一把利刃，刺伤他人的同时，也刺伤了自己。幸福的奥妙看似难以参透，幸福的本质却又是何等的清晰与单纯，放下内心所有的愁怨与不满，潇洒地转身，旋即，你便能够望见幸福。

> 世间最珍贵的不是"得不到"和"已失去"，而是现在能把握的幸福。

释怀过去方能拥抱幸福

我们常听到人们如此哀叹："要是……就好了！"这是一种很明显的内疚悔恨情绪，而我们每个人都会不时地发出这样的哀叹。每个活着的人，都会有机会体验到这种内疚的情绪。

悔恨不仅是对往事的关注，也是由于过去某件事而产生的惰性。如果你由于自己过去的某种行为而到现在都无法积极生活，那便成了一种消极的悔恨了。吸取教训是一种健康有益的做法，也是我们每个人不断取得进步与发展的重要环节。悔恨则是一种不健康的心理,它白白浪费了自己目前的精力。实际上,仅靠悔恨是解决不了任何问题的,我们也实在没有必要为了自己过去犯下的错误而不停地谴责现在的自己。

爱默生经常以愉快的方式来度过每一天。他告诫人们:"时光一去不返。每天都应尽力做完该做的事。疏忽和荒唐的事在所难免,我们应该尽快忘掉它们。明天将是新的一天,应当重新开始,振作精神,不要使过去的错误成为未来的包袱。"

要成为一个快乐的人,重要的一点是学会将过去的错误、罪恶、过失通通忘记,往前看。忘记过去的事,努力向着未来的目标前进。

卡耐基先生有一次造访希西监狱,对狱中的囚犯看起来竟然也和世人一般快乐的样子很是惊讶。

典狱长罗兹告诉卡耐基:犯人刚入狱时都认命地服刑,尽可能快乐地生活。有一位花匠囚犯在监狱里一边种着蔬菜、花草,还一边轻哼着歌呢!他哼唱的歌词是:事实已经注定,事实已沿着一定的路线前进,痛苦、悲伤并不能改变既定的情势,也不能删减其中任何一段情节,当然,眼泪也于事无补,它无法使你创造奇迹。那么,让我们停止流无用的眼泪吧!既然谁也无力使时光倒转,不如抬头往前看。

令人后悔的事情,在生活中经常出现。许多事情做了后悔,不做也后悔;许多人遇到要后悔,错过了更后悔;许多话说出来后悔,不说出来也后悔……人生没有回头路,也没有后悔药。过去的已经过去,你再也无法重新设计。一味后悔,只会消弭未来的美好,给未来的生活增添阴影。

只要你心无挂碍,看得开、放得下,何愁没有快乐的春莺在啼鸣,

何愁没有快乐的泉溪在歌唱，何愁没有快乐的白云在飘荡，何愁没有快乐的鲜花在绽放！所以，放下就是快乐。不被过去纠缠，这才是幸福的人生。

明天将是新的一天，应当重新开始，振作精神，不要使过去的错误成为未来的包袱。

心中清净，幸福自来

1918年8月19日，才子李叔同离别妻子，悄然遁入空门，法号"弘一"。读过弘一大师传记的人，大概都不会忘记他是以怎样珍惜和满足的神情面对盘中餐的：那不过是最普通的萝卜和白菜，他用筷子小心地夹起放在嘴里，似在享用山珍海味。

正像他的好友、现代学者夏丏尊先生所说："在他，什么都好，旧毛巾好、草鞋好、走路好、萝卜好、白菜好、草席好……"

"惜衣惜食，非为惜财缘惜福；爱人爱物，到了方知爱自己。"以惜福的心态度过生命中的每一天，怎能不生知足、安详、欢愉、幸福之感呢？

有一场举世瞩目的赛事，台球世界冠军已走到卫冕的门口。他只要把最后那个8号黑球打进洞，凯歌就能奏响。就在这时，不知从什么地方飞来一只苍蝇。苍蝇第一次落在他握杆的手臂上，有些痒，冠军停下来。苍蝇飞走了。冠军俯下腰去，准备击球。苍蝇又来了，这回竟飞落在了冠军紧锁的眉头上。冠军只好不情愿地停下来，烦躁地打那只苍蝇。苍蝇又轻捷地脱逃了。冠军做了一次深呼吸再次准备击球。天啊！他发现那只苍蝇又回来了，像个幽灵似的落在了8号黑球上。冠军怒不可遏，拿起球杆对着苍蝇捅去。苍蝇受到惊吓飞走了，可球杆触动了黑球，黑球没有进洞。按照比赛规则，该轮到对手击球了，对手抓住机会，一口气把自己该打的球全打进了。

卫冕失败，冠军恨死了那只苍蝇。在观众的喧哗中，冠军不堪重负，不久就自己结束了生命。临终时，他还对那只苍蝇耿耿于怀。

一只苍蝇和一个冠军的命运联系在一起，是偶然的。倘若冠军能制怒并静待那只苍蝇飞走的话，结局也许就不一样了。

一个心智成熟的人，必定能控制自己的情绪与行为。这样的人才可能享受到幸福。倘若一个人不能征服自己，就可能错失幸福。

虽然幸福没有统一的答案，也没有固定的模式，但是它需要一种捕获的心境。幸福的内涵无限丰富，只要你善于捕捉，用心灵去发现，哪怕是一条温暖的短信问候，一句关爱的叮咛，一缕初夏的凉风，一幕日常生活琐碎的片段……你都能从中感受到幸福，因为你拥有一颗懂得享受幸福的心。

淡泊以明志，宁静而致远。简简单单地生活，简简单单地去发觉点滴间存在的小小幸福。幸福就像山坡上静吐芬芳的野花，没有围墙，也不需要门票，只要有一颗清净的心和一双未被遮住的眼睛就能看到。

> 幸福的内涵无限丰富，只要你善于捕捉，用心灵去发现，就能够收获越来越多的幸福。

学会放下，成全幸福

俗话说得好，有意栽花花不开，无心插柳柳成荫。对幸福的追求也是这样，并不是想得到就能得到的。

有一位大寺庙的住持，因年事已高，心中思考着找一个接班人。一日，他将两个得意弟子叫到面前，一个叫慧明，一个叫尘元。住持对他们说："你们俩谁能凭自己的力量，从寺院后面悬崖的下面攀爬上来，谁将是我的接班人。"

慧明和尘元一同来到悬崖下，那真是一面令人望而生畏的悬崖，崖壁极其险峻、陡峭。身体健壮的慧明信心百倍地开始攀爬，但是不一会儿，他就从上面滑了下来。慧明爬起来重新开始，尽管他这一次小心翼翼，但还是从悬崖上面滚落到原地。慧明稍事休息后又开始攀爬，尽管摔得鼻青脸肿，他也绝不放弃……

让人遗憾的是，慧明屡爬屡摔，最后一次他拼尽全身之力，爬到一半时，因气力已尽，又无处歇息，于是重重地摔倒在一块大石头上，当场昏了过去。住持不得不让几个僧人用绳索将他救了回去。接着轮到尘元了，他一开始也和慧明一样，竭尽全力地向崖顶攀爬，结果也屡爬屡摔。尘元紧握绳索站在一块山石上面，他打算再试一次，但是当他不经意地向下看了一眼以后，突然放下了用来攀上崖顶的绳索，整了整衣衫，拍了拍身上的泥土，扭头向着山下走去。

旁观的众僧都十分不解，难道尘元就这么轻易地放弃了？大家对此议论纷纷，只有住持默然无语地看着尘元的去向。

尘元到了山下，沿着一条小溪流顺水而上，穿过树林，越过山谷，最后没费什么力气就到达了崖顶。当尘元重新站到住持面前时，众人还以为住持会痛骂他贪生怕死、胆小怯弱，甚至会将他逐出寺门。谁知住持却微笑着宣布尘元将成为新一任住持。众僧皆面面相觑，不知所以。尘元向其他人解释："寺后悬崖乃是人力不能攀登上去的，但是只要于山腰处低头看，便可见一条上山之路。师父经常对我们说'明者因境而变，智者随情而行'，就是教导我们要知伸缩退变啊！"住持满意地点了点头说："若为名利所诱，心中则只有面前的悬崖绝壁。天不设牢，而人自在心中建牢。在名利牢笼之内，徒劳苦争，轻者苦恼伤心，重者伤身损肢，极重者粉身碎骨。"然后，住持将衣钵锡杖传交给了尘元，并语重心长地对大家说："攀爬悬崖，意在勘验你们的心境，能不入名利牢笼，心中无碍，顺天而行者，便是我中意之人。"

生活中，我们似乎都在不断攀爬这块通往幸福之路的绝壁，哪怕碰得头破血流也要往上爬。而实际上，这块绝壁根本就爬不上去，但是我们总以为自己只要坚持就可以，而如果我们能够像僧人尘元一样低头看一看，或许会发现另一条可以通往崖顶的路。

一个女人爱上一个不该爱的人，但总是执迷不悟，认为自己是对的，常常为此伤心流泪。其实这是一份没有结果的爱，爱上一个不该爱的人就如同攀爬这根本上不去的悬崖一样，没有结果，而且自己随时可能掉下来摔个粉碎。

有些女人为金钱所惑，找丈夫一味地要找有钱人，一味地以这个为标准，最终错过了不少很好的人。而过了适合结婚的年龄，又匆匆地结婚，婚姻也不是很幸福。

在开始的时候如果回头看，看看这条路通不通，最终也不至于是这个结果。人有时候过于天真，会盲目地认为自己就是对的，急功近利地追求幸福的人往往得不到幸福，而那些很泰然的、懂得变通的人往往会获得意想不到的幸福。

庄子在《逍遥游》中所表达的"至人无己，神人无功，圣人无名"正是最好的总结。逍遥游是一种最难得的人生状态，不穿越财的浮尘雾障，幸福永远是不可企及的。

幸福追求不来，它在远方等你，等你超越富贵的浮云，而追求幸福本身就是对幸福的障碍。

"放下"是一种觉悟，更是一种自由

一老一小两个和尚一起到山下化缘，途经一条小河。两个和尚正要过河，忽然看见一个妇人站在河边发愣，原来妇人不知河的深浅，不敢轻易过河。老和尚立刻上前去，把那个妇人背过了河。

两个和尚继续赶路，可是在路上，老和尚一直被小和尚抱怨，说作为一个出家人，不应该沾女色，您怎么能背个妇人过河？

老和尚一直沉默着，最后他对小和尚说："你之所以到现在还喋喋不休，是因为你一直都没有在心中放下这件事，而我在放下妇人之后，同时也把这件事放下了，所以才不会像你一样。"

小和尚听了，顿时哑口无言。

故事当中的小和尚确实很可笑，喋喋不休地抱怨同伴。背的人还没说什么，看的人却这般过不去，实在是因为他的心胸有些狭窄。

其实，生活原本是有许多快乐的，只是我辈常常自生烦恼，空添许多愁。许多事业有成的人常常有这样的感慨：事业小有成就，但心里空空的，好像拥有很多，又好像什么都没有。总是想成功后坐豪华游轮去环游世界，尽情享受一番。但真正成功了，仍然没有时间、没有心情去了却心愿，因为还有许多事情让人放不下……

对此，中国台湾作家吴淡如说得好："好像要到某种年纪，在拥有某些东西之后，你才能够悟到，你建构的人生像一栋华美的大厦，但只有硬件，里面水管失修、配备不足、墙壁剥落，又很难找出原因来整修，除非你把整栋房子拆掉。你又舍不得拆掉。那是一生的心血，拆掉了，所有的人会不知道你是谁，你也很可能会不知道自己是谁。"

很多时候，我们舍不得放弃一个放弃了之后并不会失去什么的工作，舍不得放弃已经走出很远很远的种种往事，舍不得放弃对权力与金钱的追逐……于是，我们只能用生命作为代价，透支着健康与年华。但谁能算得出，在得到一些自己认为珍贵的东西时，有多少和生命休戚相关的美丽像沙子一样在指掌间溜走？而我们却很少去思忖，掌中所握的沙子数量是有限的，一旦失去，便再也捞不回来。

自在的快乐便是佛家所说的那种境界，"要眠即眠，要坐即坐"，如果一个人茶饭无心，百种需求，千般计较，自然谈不上是真正的放下，又如何去感受快乐？

真正的自由建立于真正的放下之上，一切皆空即是一切皆有。

心中梁木一根，放下就是舵和桨

我们常说，苦海无边，回头是岸。事实上，回头未必是岸，所以人要自救。有一种说法，人会身处苦海，是因为心中横亘着一根梁木，只要将这根梁木放下，就能做生命之舟的船桨，带我们离开苦海，驶向无忧的彼岸。

彼岸人人想去，难的，是放下。弘一法师出家时，离别了妻妾，这万缕柔情一头牵曳着两位幽怨女子的苦心，一头牵曳着无上光明的法心，怎么斩、怎么断？可是法师毅然放下了，一去不回头。这是万缘放下自逍遥的洒脱。

放不下，是因为没看破。佛法在分析人生的基础上更是看破人生。看破人生实际上是对于人生价值的肯定，因为我们只有透过醉生梦死的虚幻人生，看破功名利禄是过眼烟云，把人生的恶习一点儿一点儿克服掉，才能够显示出人生的价值。不看破这虚幻、迷惑的人生，我们人生的价值是永远不会显现出来的。看得破就能"放下"，"放下"了也就看破了，也就不再执着于小我，这样就能步入离苦得乐的解脱之道。

抚州石巩寺的慧藏禅师，出家前是个猎人，他最讨厌见到和尚。有一天他追赶一只猎物时，被马祖道一拦住。这位讨厌和尚的猎人，见有个和尚干扰他打猎，就抡起胳膊，要与马祖动武。马祖问他："你是什么人？"猎人说："我是打猎的人。"

马祖问："那，你会射箭吗？"

猎人说："当然会。"

马祖问："你一箭能射几个？"

猎人说："我一箭能射一个。"

马祖哈哈大笑："你实在不懂射法。"

猎人很生气："那么，和尚你可懂得射法？"

马祖回答："我当然懂得射法。"

猎人问："你一箭又能射得几个？"

马祖回答："我一箭能射一群。"

猎人叫道："彼此都是生命，你怎么会忍心射杀一群？猎人虽以杀生为本，但杀取有道，这叫不失本心。"

马祖语含机锋地问："哦，看来你也懂一箭一群的真义，可怎么不照一箭一群的法则去射呢？"

猎人说："我知道和尚一箭一群的意思，可要让我自己去射，真不知道如何下手！"

马祖高兴地说："你这汉子旷劫以来的无明烦恼，今日算是断除了。"于是，猎人便扔掉弓箭，出家拜马祖为师。

慧藏禅师真可谓放下屠刀，立地成佛，这是慧根，是机缘，其中的因果妙不可言。杀生的猎人，转眼间就成了救世的和尚。所以说，放下，不在明天，不在后天，就在此刻。

有人想放弃什么不适合自己的东西，总是犹犹豫豫，一次一次下决心，一次一次要改过，却总没能成功。本来可救渡你的梁木，总横亘在心中，没有成为桨的机会，可笑，可叹，又可怜。

放下不需要犹豫，不需要时间，即时放下，便得解脱，便得幸福。

放下一切，才是幸福的起点

有人说，世上从来没有命定的不幸，只有死不放手的执着。所以，不要总是羡慕他人的自在与洒脱。他们获得幸福的原因也很简单：不执着于缘。懂得放下，就可以开始新的人生，也易得逍遥，快乐无穷。

做了好事马上要丢掉，这是菩萨道；相反，有痛苦的事情，也是要丢掉。所以得意忘形与失意忘形都是没有修养的，都是不妥的；换句话说，便是心有所住，不能解脱。一个人受得了寂寞，受得了平淡，这才是大英雄本色。无论怎样得意也是那个样子，失意也是那个样子，到没有衣服穿，饿肚子仍是那个样子，这是最高的修养，就像孟子说的"富贵不能淫，贫贱不能移，威武不能屈"。不过，达到这种境界太难。

真正的人生该如何过呢？重点在"随"字。时空的脚步永远是不断地追随回转，无休无止。子在川上曰：逝者如斯夫！河水能够冲走泥沙与污浊，时间能够抹去人类的一切活动痕迹，世间没有永恒不变的东西，也没有绝对的真理和绝对完美的事物，人所能做到的就是"随"，顺时顺应，随性而走。

庄子临终前，弟子们已经准备要厚葬自己的老师。庄子知道后笑了笑，说："我死了以后，大地就是我的棺椁，日月就是我的连璧，星辰就是我的珠宝玉器，天地万物都是我的陪葬品，我的葬具难道还不够丰厚？你们还能再增加点什么呢？"

学生们哭笑不得地说："老师呀！若要如此，只怕乌鸦、老鹰会把老师吃掉啊！"庄子说："扔在野地里，你们怕飞禽吃了我，

那埋在地下就不怕蚂蚁吃了我吗？把我从飞禽嘴里抢走送给蚂蚁，你们可真是有些偏心啊！"

一位思想深邃而敏锐的哲人，一位影响千年的大师，就这样以一种浪漫达观的态度和无所畏惧的心情，从容地走向了死亡，走向了在一般人看来令人万般惶恐的无限虚无。其实这就是生命。

在20世纪，一位美国的旅行者去拜访著名的波兰籍经师赫菲茨。他惊讶地发现，经师住的只是一个放满了书的简易房间，唯一的家具就是一张桌子和一把椅子。

"大师，你的家具在哪里？"旅行者问。"你的呢？"赫菲茨回问。

"我的？我只是在这里做客，我只是路过呀！"旅行者说。"我也一样！"经师轻轻地说。

既然人生不过是路过，便用心享受旅途中的风景吧。每个人的一生都像一场旅行，你虽有目的地，却不必去在乎它，因为你的人生不只拥有目的地而已，你还有沿途的风景和看风景的心情，如果完全忽略了一路的风情，人生将会变得多么单调和无趣，活着还怎么称得上是一种享受呢？

　　每一道风景从眼前经过，每段缘分与自己重逢再离别，你仔细回味一番，充分享受个中的滋味，不必耿耿于得失，在痛苦时想快乐，快乐时忆苦楚，始终保持心情的平和，生命才会充满温暖柔和的色彩。等到缘分过了，风景没了，等待你的还有另一波风光和快乐，之前的一切便可放下，享受眼前此刻。开始的背后是放下，为什么人们悟不到呢？

　　时间公平地对待每一个瞬间，人在生命的旅程中却不能停滞不前，总沉湎于过去。只有不停地向前走，才能摆脱重重阻碍，得见白云处处、春风习习的旅行终点。

　　　开始的背后是放下，唯有放下，才能拥有更好的开始和更多的幸福。

>>> 第二章
# 放下虚荣和贪念
——苹果非要吃红的吗

忙碌的初衷是为了心的满足与幸福，而灵魂有时也会在过度追逐中疲惫。那么辛苦地穿梭于钢筋混凝土之间，到底为的是什么？当有一天静静内省才发现，对物质的欲望是永无止境的。如果贪念太多，容易不择手段，误入歧途，所以要学会适可而止。

知足才能常乐，贪婪永无安宁

冯友兰在《三松堂全集》中曾说："凡物各由其道而得其德，即是凡物皆有其自然之性。苟顺其自然之性，则幸福当下即是，不须外求。"意思是，只要我们顺着自己的本性，而不妄自攀比，不向外强求，我们获得的很多东西将使我们感受到幸福，一旦我们陷入了贪婪之中，总是和别人比较，我们是不会感到幸福的。

生活中，很多事情让我们感觉不舒服，好像从来就不曾满足过，幸福的滋味好像只在梦里似有似无地出现过。其实，是自己贪婪的欲望在作怪，只要你静下心来，不那么贪婪，那么，幸福就在身边。

从前，在蓝蓝的大海深处，矗立着一座神秘的宝山。无数色彩斑斓的珠宝钻石乱纷纷地堆在山上，每逢太阳一出，就在半空中映出许多纵横交织的彩色光环。

某年，一个出海的人偶尔经过宝山，从那里拿走一颗直径一寸的珍珠。他把珍珠小心地揣在怀里，然后兴高采烈地乘船返回。船驶出不到500米，忽然，晴朗的天空倏地阴暗下来，平静的海面掀起山丘似的波澜，只见一条狰狞恐怖的蛟龙从海水深处破浪而出，在涛峰波谷之间翻腾飞舞。

富有航海经验的船老大顿时大惊失色，急忙停住舵把，对身上揣着珍珠的人说："哎呀，不好！这是蛟龙想要你的珠子呢！快献给它吧，不然的话，别说你的性命难保，还得连累我！"

揣着珍珠的人犹豫起来，把珍珠丢掉吧，实在舍不得；不丢掉吧，就要大难临头。思来想去，他还是决定留下珍珠。于是，他咬牙忍痛，用利刃剖开大腿的肌肉，把珍珠藏在里面。珍珠被肉紧紧裹住，光芒透不出来，蒙骗了蛟龙，蛟龙于是潜入海底，海面也随之平静下来。

那人一瘸一拐地回到家，从大腿里取出珍珠。珠子完好无损，闪闪的光芒把屋子映照得五彩缤纷。正当全家人惊喜地赞赏珍珠的时候，那人却痛苦地合上了双眼，大腿的溃烂夺去了他的生命。

这就是贪婪带来的后果，生活中，我们想要这个或那个。如果不能得到我们想要的，我们就不停地去想我们所没有的，并且有一种不满足感。

冯友兰在《我的日子还长》中，就曾形象地描述了他所获得的幸福："我的日子还长，所谓的幸福之事不好现在总结。不同的年龄段有不同的对幸福的定义，不同的场合也有不同的幸福的内容。最近可以一说的幸福是和亲戚到了绿洲家园，看到一片空地上盖着许多两层的房子；很多房子像童话里的城堡，颜色各异。那天的天气极好，所以感觉像在好莱坞的画面里，和所说的'面朝大海，春暖花开'也差不多了。我看着这些房子，感觉很幸福。之所以感觉幸福，是因为我可以给自己定一个比较遥远的目标，那就是我将来也要有这样的房子。"

这就是冯友兰先生心中的幸福，是那么简单，看着漂亮的房子也能感到幸福，为自己有个将来拥有这样的房子的理想而感到幸福。可见知足常乐，简简单单的生活最能使我们获得幸福。

只有知足常乐，幸福的花朵才能躲避贪婪的暴雨，在微风细雨的滋润中鲜艳地绽放。

放下强出头的欲望，才能做好事

表现自己要量力而行，强出头往往会被搬不动的石头砸了自己的脚，而风头过胜，则往往危机暗伏。切记：招摇的背后往往是嘲笑的声音。

春秋时期的范武子，儿子叫范文子，世代为晋国卿士。一天，范文子很晚才从朝中回来，武子问他："为什么这么晚才回来？"文子回答说："有一个秦国客人在朝廷上说了许多诡谲的问题，大夫们都不能回答。我知道其中三个就做了回答,所以回来晚了。"武子很生气,教训他说:"大夫们不是不会回答,而是尊敬长辈。你这小子凭三件事在朝廷上贬低别人,自取灭亡的日子不远了。"说完他气得拿木杖打文子,把文子帽子上面的缨子都打断了。

为人处世,在展现自身才华的同时,切莫忘记应当量力行事。中国自古讲求中庸之道,便是要求人们不张扬,不倨傲。居功自傲、招摇过市,只能处处树敌,树大招风。保持量力行事,即使处于风暴之中依然能岿然不动。

历史上,因恃才傲物而最终引来杀身之祸者不乏其人。

建安初年,曹操考虑派一个使者到荆州劝说荆州牧刘表投降。谋士贾诩建议说:"刘表喜欢与有名的人士交往,最好能物色一位著名的人物前去,才有希望达到目的。"曹操觉得有道理,就问另一个谋士荀攸说:"你认为谁可以去?"

荀攸回答:"当然以孔融去最好!"

孔融是孔子的第20世孙,担任过北海侯国的相,以能写文章与慷慨好客闻名,是当时文学界著名的"建安七子"之一,当然是比较理想的人选。曹操点头答应,并嘱咐荀攸去跟孔融打招呼。

孔融听了荀攸的话,立刻接口说:"我有一位好友叫祢衡,字正平,他的才学比我高十倍。这个人足以在天子身边工作,做一个使者,更不成问题。"但孔融所推荐的祢衡不懂得谦虚忍让,而是恃才傲物,最终为曹操所害。

历史的教训告诉我们,即便天赋异禀,才华横溢,也应当学会正确认识自己的才能。过高评价自己,恃才傲物,只能惹来不必要的祸端。

  招摇的背后往往是嘲笑的声音,不自量力,总喜欢强出头容易使自己陷于绝境。

逞强不算强，你需要的是"示弱"

蜥蜴原是恐龙的同类，但是二者体积相差悬殊，几亿年前恐龙是整个地球的主宰，可是如今恐龙灭绝了，蜥蜴却活了下来。这其中有一个原因就是恐龙的体积过于庞大，不便保护自己，最终被自然淘汰了，而蜥蜴小巧灵活，虽然很弱小，却便于隐藏自己，从而保全了自己。这就是为什么自然界中是"适者生存"，而不是"强者生存"。

为人处世也一样需要"适者生存"，需要学习蜥蜴的"善于示弱"。"示弱"，就是放低姿态，在他人面前谦虚谨慎。这既是一种人生态度、独特的行为方式，又是一种生存智慧、安全之道。懂得"示弱"，学会"示弱"，对我们每一个人而言都是有百利而无一害的。

西汉初年，冒顿身为北方匈奴的首领，励精图治，一心想把匈奴打造成最强大的民族，但是当时的匈奴势单力薄，经常遭到邻邦特别是东胡的无理攻击。

匈奴人生活在西北部的草原上，以强悍善骑著称。冒顿养有一匹千里马，皮毛油黑发亮如软缎，全身上下没有一根杂毛，它能日行千里，被视为宝马。东胡知道后，便派使者到匈奴索要这匹宝马，匈奴群臣认为东胡太无理了，一致反对。

足智多谋的冒顿一眼便看穿了东胡的用意，但他并没有表露出来。他知道，一旦正面冲突，吃亏的只能是自己，于是决定忍痛割爱，满足东胡的要求。他告诉臣下："东胡之所以要我们的宝马，是因为与我们是友好邻邦。我们哪能因为区区一匹千里马而伤害与邻邦的关系呢？这样太不合算了。"这样，他把宝马拱手送给了东胡。

冒顿虽然表面上不与东胡作对，但他暗地里在壮大实力，希望有朝一日能够打败东胡。

东胡王得到千里马以后，认为冒顿是胆小怕事之人，就更加狂妄了。他听说冒顿的妻子很漂亮，就动了邪念，派人去匈奴说要纳冒顿之妻为妃。

冒顿的妻子年轻貌美、端庄贤淑，深得民心。匈奴群臣一听东胡王如此羞辱他们尊敬的王后，都气得摩拳擦掌，发誓要与东胡决一死战。冒顿更是气得咬牙切齿，然而他转念一想，东胡之所以三番五次地欺负自己，是因为东胡的力量比匈奴强大。一旦发生战争，自己的实力不济，很可能会战败。

于是他强颜欢笑，劝告群臣："天下女子多的是，而东胡只有一个啊！不能因为一个女人伤害与邻邦的友谊。"这样，他又把爱妻送给了东胡王。

之后，他召集群臣，指明东胡气焰嚣张的原因，分析了当时的形势，鼓励大臣们帮助他治理国家，增强国家实力，外修政治，为以后打败东胡做准备。群臣听冒顿分析得有道理，于是按照冒顿的要求兢兢业业地治理国家，以图日后报仇雪恨。

东胡王轻而易举地得到千里马与美女，认为冒顿真的惧怕他，于是更加骄奢淫逸起来。他整日寻欢作乐，不理朝政，国力越来越衰弱。然而他毫无自知之明，又第三次派人到匈奴去索要两邦交界处方圆千里的土地。

此时，匈奴经过冒顿及其群臣多年的治理，政治清明，兵精粮足，老百姓安居乐业，其实力之雄厚远远超出了东胡。

事后，冒顿抓住一个适当的时机向东胡发起进攻，亲自披挂上阵，众人同仇敌忾，一举消灭了东胡。

力量弱小的匈奴能够战胜强敌东胡，就在于他们事前的示弱、

第二章　放下虚荣和贪念

守弱。

蛇吞象是很多人的梦想，然而，面对强大的对手，以小博大蕴涵着深刻的博弈智慧，先守弱、示弱，然后以弱胜强，无疑是其中的智慧精华。

面对强敌，当自己还不足以与之抗衡时，何不示弱、守弱，然后静待自己的能力增强、时机成熟时，再奋起一击？你要明白示弱绝不等于软弱，而是一种人生的清醒和智慧。知道自己的弱点，就规避了失误的风险。成功总是留给有智慧的人。

> 示弱绝不等于软弱，而是一种人生的清醒和智慧。

远离名利烈焰，让生命逍遥自由

古今中外，为了生命的自由、潇洒，不少智者都懂得与名利保持距离。

惠子在梁国做了宰相，庄子想去见见这位好友。有人急忙报告惠子："庄子来，是想取代您的相位吧。"惠子很恐慌，想阻止庄子，派人在国中搜了三日三夜。不料庄子从容而来拜见他道："南方有只鸟，其名为凤凰，您可听说过？这凤凰展翅而起，从南海飞向北海，非梧桐不栖，非练实不食，非礼泉不饮。这时，有只猫头鹰正津津有味地吃着一只腐烂的老鼠，恰好凤凰从头顶飞过。猫头鹰急忙护住腐鼠，仰头视之道：'吓！'现在您也想用您的梁国来吓我吗？"惠子十分羞愧。

一天，庄子正在濮水垂钓。楚王委派的二位大夫前来聘请他："吾王久闻先生贤名，欲以国事相累。"庄子持竿不顾，淡然说道："我听说楚国有只神龟，被杀死时已三千岁了。楚王以竹箱珍藏之，覆之以锦缎，供奉在庙堂之上。请问二位大夫，此龟是宁愿死后留骨而贵，还是宁愿生时在泥水中潜行摇尾呢？"二位大夫道："自然愿活着在泥水中摇尾而行啦。"庄子说："二位大夫请回去吧！我也愿在泥水中摇尾而行。"

庄子不慕名利，不恋权势，为自由而活，可谓洞悉幸福真谛的达人。人活在世界上，无论贫穷富贵，穷达逆顺，都免不了与名利打交道。

《清代皇帝秘史》记述乾隆皇帝下江南时，来到江苏镇江的金山寺，看到山脚下大江东去，百舸争流，不禁兴致大发，随口问一个老和尚："你在这里住了几十年，可知道每天来来往往多少船？"老和尚回答说："我只看到两艘船。一艘为名，一艘为利。"一语道破天机。

淡泊名利是一种境界，追逐名利是一种贪欲。放眼古今中外，真正淡泊名利的很少，追逐名利的很多。今天的社会是五彩斑斓的大千世界，充溢着各种各样炫人耳目的名利诱惑，要做到淡泊名利确实是一件不容易的事情。

旷世巨作《飘》的作者玛格丽特·米切尔说过："直到你失去了名誉以后，你才会知道这玩意儿有多累赘，才会知道真正的自由是什么。"盛名之下，是一颗活得很累的心，因为它只是在为别人而活。我们常羡慕那些名人的风光，可我们是否了解他们的苦衷？其实大家都一样，希望能活出自我，能活出自我的人生才更有意义。

世间有许多诱惑: 桂冠、金钱，但那都是身外之物，只有生命最美，快乐最贵。我们要想活得潇洒自在，要想过得幸福快乐，就必须做到:

淡泊名利享受、割断权与利的联系，无官不去争，有官不去斗；位高不自傲，位低不自卑，欣然享受清新自在的美好时光，这样就会感受到生活的快乐和惬意。太看重权力地位，让一生的快乐都毁在争权夺利中，那就太不值得，也太愚蠢了。

当然，放弃荣誉并不是寻常人具有的，它是经历磨难、挫折后的一种心灵上的感悟，一种精神上的升华。"宠辱不惊，去留无意"说起来容易，做起来却十分困难。红尘的多姿、世界的多彩令大家怦然心动，名利皆你我所欲，又怎能不忧不惧、不喜不悲呢？否则也不会有那么多的人穷尽一生追名逐利，更不会有那么多的人失意落魄、心灰意冷了。只有做到了"宠辱不惊，去留无意"，方能心态平和，恬然自得，方能达观进取，笑看人生。

直到你失去了名誉以后，你才会知道真正的自由是什么。

内心不依赖外物，即获得自由

何为逍遥？庄子在《逍遥游》中将其解说为："若夫乘天地之正，而御六气之辩，以游无穷者，彼且恶乎待哉？"意思是说，如果人们能做到顺应天地万物的本性，把握六气的变化，而在无边无际的境界中遨游，他们就不必再仰赖什么了。这样的人，因为不依赖外物，自然能逍遥遨游于天地之间。

一个人为什么不能够得到逍遥，他的精神为什么不能获得自由呢？学术大师徐复观先生通过对《庄子》一书的分析认为：一个人之所以不能获得自由，就是因为个人不能支配自己，而须受外力的牵连。受外力的牵连，即会受到外力的限制甚至支配。这种牵连，庄子称之为"待"。

现实生活中，我们每天都渴望获得自由，一个人要想获得人生的自由，必须超越"待"字，摆脱外力的牵连，才能真正达到逍遥的境界。

有一则逸事，即在告诫人们无谓的执着是多么的愚蠢。

一天，南岳和尚来拜访马祖和尚说："马祖，你最近在做什么？"

"我每天都在坐禅。"

"哦，原来如此，你坐禅的目的是什么？"

"当然是为了成佛呀！"

坐禅是为了观照真正的自我，而悟道成佛，这是一般人对坐禅的认识，马祖也这么认为。

可是，南岳和尚一听到马祖的话，竟然拿来一枚瓦片，默默地磨了起来，觉得不可思议的马祖便开口问："你究竟想干什么啊？"

南岳平静地回答："你没有看到我在磨瓦吗？"

"你磨瓦做什么？"

"做镜子。"

"大师，瓦片是没法磨成镜子的。"

"马祖啊，坐禅也是不能成佛的。"

南岳和尚用瓦片不能磨成镜子的道理来告诉马祖，坐禅也不能成佛，这个对话的内容看似有点儿滑稽，实际上意义深远。

一般人都认为坐禅是悟道成佛的唯一方法，因此在修行时非常重视坐禅，主张彻底地去做；不过，南岳看到马祖天天坐禅的生活，却予以否定的评价。为什么呢？南岳言外之意是想告诉马祖，他过分执着于坐禅的形式和手段。虽然坐禅很有意义，可是如果被坐禅束缚，心的自由就会受到制约、控制，也就无法悟道成佛了。因此，坐禅的方法虽然是禅最重视的，但是一旦过分执着于其中，反而需要予以否定了。如此这般，以禅的立场来看，执着必须全被否定，否则一旦陷入执着，就什么东西也得不到了。

换言之，人们常常执着于一些东西来过日子，可是一旦持有执着的心情，就无法真正自由地生活，也无法用禅性的想法来谋求自我实现。一个人如果不懂得放下，就会执着于外物，就会在做事的

时候有所分心,这样的人无法获得最后的成功,更何谈精神的自由呢?

　　因此,一个人不但要学会执着,更要学会放下,就像庄子所说的,如果能够遵循宇宙万物的规律,把握"六气"的变化,遨游于无穷无尽的境域,他还仰赖什么呢?一个人不再依赖外物的时刻,就是获得自由的时刻!

> 若夫乘天地之正,而御六气之辩,以游无穷者,彼且恶乎待哉?

提放自如,可得大自在

　　人生的境界有高有低,境界高者像一面镜子,时刻自我观照,不断自省;又像一支蜡烛,燃烧自己,泽被四方;更像一只皮箱,提放自如,得大自在。

　　世事变幻,风云莫测,缘起缘灭,众生在岁月的洪流中渐行渐远,

一路鲜花烂漫、鸟语虫鸣，也仍旧不能湮没斗转星移、沧海桑田的无常。承担与放下都非易事，都需要勇气与魄力，而做到提放自如，淡然处之，更非常人所能达到。

圣严法师将人分为三类：第一类，提不起、放不下；第二类，提得起、放不下；第三类，提得起、放得下。

第一类人占据了芸芸众生中的大多数，他们只懂享受，却从不承担，内心却又放不下对功名利禄的追求，像是寄居在荨麻茎秆上的菟丝子，攀附在其他植物之上，毫不费力地汲取着养分，却从不奉献什么；第二类人有担当、有责任心，而且往往目标明确，会一直凭借着自己的能力向上攀登，而一旦有所获得时，却舍不得放下，只会拖着越来越重的行囊，艰难上路；第三类人有理想、有魄力，而且心地坦然、头脑睿智，可攻可守、可进可退。

一天，山前来了两个陌生人，年长的仰头看看山，问路旁的一块石头："石头，这就是世上最高的山吗？""大概是的。"石头懒懒地答道。年长的没再说什么，就开始往上爬。年轻的对石头笑了笑，问："等我回来，你想要我给你带什么？"石头一愣，看着年轻人，说："如果你真的到了山顶，就把那一时刻你最不想要的东西给我，就行了。"年轻人很奇怪，但也没多问，就跟着年长的往上爬去。不知过了多久，年轻人孤独地走下山来。

石头连忙问："你们到山顶了吗？"

"是的。"

"另一个人呢？"

"他，永远不会回来了。"

石头一惊，问："为什么？"

"唉，对于一个登山者来说，一生最大的愿望就是战胜世上最高的山峰，当他的愿望真的实现了，也就没了人生的目标，这就好比一匹好马折断了腿，活着与死了，已经没有什么区别了。"

"他……"

"他自山崖上跳下去了。"

"那你呢？"

"我本来也要一起跳下去，但我猛然想起答应过你，把我在山顶上最不想要的东西给你，看来，那就是我的生命。"

"那你就来陪我吧！"

年轻人在路旁搭了个草房，住了下来。人在山旁，日子过得虽然逍遥自在，却也如白开水般没有味道。年轻人总爱默默地看着山，在纸上胡乱抹着。久而久之，纸上的线条渐渐清晰了，轮廓也明朗了。后来，年轻人成了一个画家，绘画界还宣称一颗耀眼的新星正在升起。接着，年轻人又开始写作，不久，他就以文章回归自然的清秀隽永一举成名。

许多年过去了，昔日的年轻人已经成了老人，当他对着石头回想往事的时候，他觉得画画和写作其实没有什么两样。

故事中从山上跳下去的那位登山者就属于圣严法师所说的第二类人，他执着地追求着攀登世界最高峰的荣誉，而一旦愿望实现，他却不能将之放下，再继续前行，所以他自认为只有绝路可寻；而另一位年轻人之前也有了轻生的念头，但因为不能违背对石头的承诺，所以他才有机会了悟真正的禅机——世界上更高的山在人的心里。

收放之间，人们总能不断得到提升，只有放下世俗名利的牵绊，怀有朴质自然的初心，才能不为外物烦扰，真正感知生命的意义。

更高的山并不在人的身旁，而在人的心里，只有忘我才能超越。

得失常挂心，宠辱皆心惊

有一只木车轮因为被砍下了一角而伤心郁闷，它下决心要寻找一块合适的木片重新使自己完整起来，于是离开家开始了长途跋涉。

不完整的木车轮走得很慢，一路上，阳光柔和，它认识了各种美丽的花朵，并与草叶间的小虫攀谈；当然也看到了许许多多的木片，但都不太合适。

终于有一天，车轮发现了一块大小形状都非常合适的木片，于是马上将自己修补得完好如初。可是欣喜若狂的轮子忽然发现，眼前的世界变了，自己跑得那么快，根本看不清花儿美丽的笑脸，也听不到小虫善意的鸣叫。车轮停下来想了想，又把木片留在了路边，自个儿走了。

失去了一角，却饱览了世间的美景；得到了想要的圆满，步履匆匆，却错失了怡然的心境，所以有时候失也是得，得即是失。也许当生活有所缺陷时，我们才会深刻地感悟到生活的真实，这时候，失落反而成全了完整。

从上面故事中我们不难发现，尽善尽美未必是幸福生活的终点站，有时反而会成为快乐的终结者。得与失的界限，你又如何能准确地划定呢？当你因为有所缺失而执着地追求完美时，也许会适得其反，在强烈的得失心的笼罩下失去头上那一片晴朗的天空。

据说，因纽特人捕猎狼的办法世代相传，非常特别，也极其有效。严冬季节，他们在锋利的刀刃上涂上一层新鲜的动物血，等血冻住后，他们再往上涂第二层血；再让血冻住，然后再涂……

就这样，刀刃很快就被冻血掩藏得严严实实了。

然后，因纽特人把血包裹住的尖刀反插在地上，刀把结实地扎在地上，刀尖朝上。当狼顺着血腥味找到这样的尖刀时，它们会兴奋地舔食刀上新鲜的冻血。融化的血液散发出强烈的气味，在血腥的刺激下，它们会越舔越快，越舔越用力，不知不觉所有的血被舔干净，锋利的刀刃暴露出来。

但此时，狼已经嗜血如狂，它们猛舔刀锋，在血腥味的诱惑下，根本感觉不到舌头被刀锋划开的疼痛。

在北极寒冷的夜晚里，狼完全不知道它舔食的其实是自己的鲜血。它只是变得更加贪婪，舌头抽动得更快，血流得也更多，直到最后精疲力竭地倒在雪地上。

生活中很多人都如故事中的狼，在欲望的旋涡中越陷越深，又像漂泊于海上不得不饮海水的人，越喝越渴。

可见，得与失的界限，你永远也无法准确定位，自认为得到越多，可能失去也会越多。所以，与其把生命置于贪婪的悬崖峭壁边，不如随性一些，洒脱一些，不患得患失，做到宠辱不惊，保持一份难得的理智。

坦然地面对所有，享受人生的一切，得到未必幸福，失去也不一定痛苦。得到时要淡定,要克制;失去时要坚强,要理智。兜兜转转,寻寻觅觅,浮浮沉沉,似梦似真,一路行走一路歌唱。

做一个虔诚的朝圣者,可以不拜佛不敬神,永远地感恩生活的赐予,便会获得最美好的祝福。

>>> 第三章
# 放下自卑和无端忧虑
——世上没有过不去的坎

也许你正处在困境中,也许你正为情所弃。无论什么原因,请你在出门时,一定要让自己面带微笑,从容自若地去面对生活。只要你自己真正撑起来了,别人无论如何是压不垮你的。不要惶恐眼前的难关迈不过去,不要担心此刻的付出没有回报,你想要的,岁月都会给你。

从阴影中走出来,以积极状态创业

世间很多事情都是难以预料的,亲人的离去、生意的失败、失恋、失业……打破了我们原本平静的生活。以后的路究竟应该怎么走?我们应当从哪里起步?这些灰暗的影子一直笼罩在我们的头上,让我们裹足不前。

难道活着真的就这么难吗?日子真的就暗无天日吗?其实,并不是这样的。在这个世界上,为何有的人活得轻松,而有的人却活得沉重?因为前者拿得起,放得下;而后者是拿得起,却放不下。

很多人在受到伤害之后,一蹶不振,在伤痛的海洋里沉沦。只得到不失去是不可能的,而一个人在失去之后就对未来丧失信心和希望,又怎么能在失去之后再得到呢?人生又怎能过得快乐幸福呢?

被誉为"经营之神"的松下幸之助9岁起就去大阪做小伙计，后来，父亲的过早去世又使得15岁的他不得不挑起生活的重担，寄人篱下的生活使他过早地体验了做人的艰辛。

22岁那年，他晋升为一家电灯公司的检查员。就在这时，松下幸之助发现自己得了家族病，他已经有9位家人在30岁前因为家族病离开了人世。

他没了退路，反而对可能发生的事情有了充分的思想准备，这也使他形成了一套与疾病做斗争的办法：不断调整自己的心态，以平常心面对疾病，调动机体自身的免疫力、抵抗力与病魔斗争，使自己保持旺盛的精力。这样的过程持续了一年，他的身体也变得结实起来，内心也越来越坚强，这种心态也影响了他的一生。

经过患病一年来的苦苦思索，他决心辞去公司的工作，开始独立经营插座生意。创业之初，正逢第一次世界大战，物价飞涨，而松下幸之助手里的所有资金还不到100元。公司成立后，最初的产品是插座和灯头，却因销量不佳，使得工厂到了难以维持的地步，员工相继离去，松下幸之助的境况变得很糟糕。

但他把这一切都看成是创业的必然经历，他对自己说："再下点功夫，总会成功的！已有更接近成功的把握了。"他相信：坚持下去取得成功，就是对自己最好的报答。功夫不负有心人，生意逐渐有了转机，直到6年后拿出第一个像样的产品，也就是自行车前灯时，公司才慢慢走出了困境。

1929年经济危机席卷全球，日本也未能幸免，大量产品销量锐减，库存激增。1945年，日本的战败使得松下幸之助变得几乎一无所有，剩下的只是近10亿元的巨额债务。一次又一次的打击并没有击垮松下幸之助，如今松下已经成为享誉全世界的知名品牌，而这个品牌也是在不断的磨砺之中逐渐成长起来的。

如果当初松下幸之助在得知自己患上家族病的那一刻，松下就将自己埋没在悲伤之中，那么，或许今天我们就不会看到松下这个品牌了。然而我们看到，松下并没有被悲伤埋没，而是从灰暗的阴影中走了出来，以积极的状态投入创业，最终取得了惊人的成绩。

他以自身的经历告诉我们，生活中有各种各样我们想不到的事情，其实这些事情本身并不可怕，可怕的是我们无法从这些事情所造成的影响中抽身出来，尽早地以最新、最好的状态投入到对事业的追求中。哪怕我们身无分文，哪怕我们负债累累，哪怕我们失去了亲人温暖的臂膀，哪怕我们不得不在茫茫的尘世中孤军奋战，只要拥有积极乐观的心态，勇敢地去面对生活中的种种磨砺，在创业的险途中奋勇向前，通过一点一滴的积累、一点一滴的打拼，终将取得事业的成功。

既能拿得起也能放得下，能及时走出人生的阴影，才能收获创业的成功。

没有过不去的坎，只有过不去的心

每个人的一生中都会遇到各种各样的坎，这些坎牵绊着我们，让我们难以前行，假若这个时候你灰心丧气的话，你可能永远无法跨越这个坎。而实际上，人生并没有什么过不去的坎，只是你没有跨过去的勇气而已。

帕克在一家汽车公司上班。很不幸，一次机器故障导致他的右眼被击伤，抢救后还是没有保住，医生摘除了他的右眼球。帕克原本是一个十分乐观的人，现在却成了一个沉默寡言的人。他害怕上街，因为总是有那么多人看他的眼睛。

他的休假一次次被延长，妻子艾丽丝负担起了家庭的所有开支，并且在晚上又兼了一个职。她很在乎这个家，她爱着自己的丈夫，想让全家过得和以前一样。艾丽丝认为丈夫心中的阴影总会消除的，只是时间问题。

但糟糕的是，帕克的另一只眼睛的视力也受到了影响。在一个阳光灿烂的早晨，帕克问妻子谁在院子里踢球时，艾丽丝惊讶地看着丈夫和正在踢球的儿子。以前，儿子即使到更远的地方，他也能看到。艾丽丝什么也没有说，只是走近丈夫，轻轻地抱住他的头。

帕克说："亲爱的，我知道以后会发生什么，我已经意识到了。"艾丽丝的泪就流下来了。

其实，艾丽丝早就知道这种后果，只是她怕丈夫受不了打击而要求医生不要告诉他。帕克知道自己要失明后，反而镇静多了，连艾丽丝也感到奇怪。

艾丽丝知道帕克能见到光明的日子已经不多了,她想为丈夫留下点儿什么。她每天把自己和儿子打扮得漂漂亮亮,还经常去美容院。在帕克面前,她不论心里多么悲伤,总是努力微笑。

几个月后,帕克说:"艾丽丝,我发现你新买的套裙颜色很旧!"艾丽丝说:"是吗?"她躲到一个他看不到的角落,低声哭了。她那件套裙的颜色在太阳底下绚丽夺目。她想,还能为丈夫留下什么呢?

第二天,家里来了一个油漆匠,艾丽丝想把家具和墙壁粉刷一遍,让帕克的心中永远有一个新家。油漆匠工作很认真,一边干活儿还一边吹着口哨。干了一个星期,所有的家具和墙壁都刷好了,他也知道了帕克的情况。油漆匠对帕克说:"对不起,我干得很慢。"帕克说:"你天天那么开心,我也为此感到高兴。"算工钱的时候,油漆匠少算了100元。艾丽丝和帕克说:"你少算了工钱。"油漆匠说:"我已经多拿了,一个等待失明的人还那么平静,你告诉了我什么叫勇气。"但帕克坚持要多给油漆匠100元,帕克说:"我也知道了原来残疾人也可以自食其力,生活得很快乐。"原来油漆匠只有一只手。

就像帕克和油漆匠一样,他们经历了不幸,可能在刚开始的时候都觉得人生灰暗无比,但是当他们满怀勇气地面对的时候,发现其实也没有什么大不了的。世上不存在真正难以逾越的坎,只有愿不愿意迈出的脚步和过不过去的心态。

人生根本没有什么过不去的坎，真正过不去的是你自己的心！

改变心境，发现生活的美好

　　一个人具有什么样的心态，决定他可以成为一个什么样的人，也决定了他能够拥有一个什么样的人生。事情往往是这样，你相信会有什么结果，就可能会有什么结果。人有时可以通过改变自己的心境来改变自己的人生，对于身处逆境中的人来说更是如此。

　　有一位经营服装批发的商人，由于经营不善，赔了几笔生意。为此，他整天心情郁闷，每天晚上都睡不好觉。

　　妻子见他愁眉不展的样子十分担心，就建议他去找心理医生看看，于是他前往医院去看心理医生。

　　医生见他双眼布满血丝，便问他："怎么了，是不是受失眠所苦？"批发商人说："可不是嘛！"心理医生开导他说："这没有什么大不了的！你回去后如果睡不着就数数绵羊吧！"商人道谢后离去了。

　　过了一个星期，他又来找心理医生。他双眼又红又肿，精神更加不振了，心理医生非常吃惊地说："你是照我的话去做的吗？"商人委屈地回答说："当然是呀！还数到3万多只呢！"心理医生又问："数了这么多，难道还没有一点儿睡意？"商人答："本来是困极了，但一想到3万多只绵羊有多少毛呀，不剪岂不可惜。"于是心理医生说："那剪完不就可以睡了？"商人叹了口气说："但头疼的问题来了，这3万多只羊的毛所制成的毛衣，现在要去哪儿找买主呀？一想到这儿，我更睡不着了！"

有些事想得太远，就会形成太多的压力，烦恼也会随之而来。因此我们要学会静心，不去牵挂那些不该牵挂的事情，这样才能轻松快乐。大凡终日烦恼的人，实际上并不是遭遇了多大的不幸，而是自己的内心对生活的认识存在着片面性。真正聪明的人即使处在烦恼的环境中，也能够自己寻找快乐。

伟大的心理学家阿德勒一生都在研究人类的潜能，他曾经宣称自己发现了人类最不可思议的特性——人具有一种反败为胜的力量。这种力量是每个人都拥有的，如果你不满意自己的现状，想改变它，那么请改变你自己的心态，让它始终处在阳光下。如果你有了积极的心态，能够积极乐观地改善自己的环境和命运，那么你周围所有的问题都会迎刃而解。

战时，汤姆森太太的丈夫到一个位于沙漠中心的陆军基地去驻防，为了能经常与他相聚，她搬到基地附近去住。

那儿实在是个可憎的地方，她简直没见过比那儿更糟糕的地方了。她丈夫出外参加演习时，她就只好一个人待在那间小房子里。那儿热得要命，仙人掌阴影下的温度都很高，没有一个可以谈话的人，风沙很大，四周荒芜。

汤姆森太太觉得自己倒霉透了，于是她写信给她父母，告诉他们她放弃了，准备回家，她一分钟也不能再忍受了，她宁愿去坐牢也不想待在这个鬼地方。她父亲的回信只有三句话，这三句话常常萦绕在她的心中，并改变了汤姆森太太的一生：有两个人从铁窗朝外望去，一个人看到的是满地的泥泞，另一个人却看到满天的繁星。

她把父亲的这几句话反复念了多遍，忽然间觉得自己很笨，于是她决定找出自己目前处境的有利之处。她开始和当地的居民交朋友，他们都非常热心，当汤姆森太太对他们的编织和陶艺表现出极大兴趣时，他们会把那些舍不得卖给游客的心爱之物送给她。她开始研究各种各样的仙人掌，顶着太阳寻找土拨鼠，观赏沙漠的黄昏，寻找300万年以前的贝壳化石。

她发现的这片新天地令她既兴奋又刺激。于是她开始着手写一本小说，讲述她是怎样逃出自筑的牢狱，找到了美丽的星辰。汤姆森太太成了一个快乐的人，她终日保持着微笑，也因此赢得了当地人的喜爱。

是什么给汤姆森太太带来了如此惊人的变化呢？答案就在于她自己心境的改变。她改变了自己的消极观念，开始去尝试发现生活中的美好，也正是这种改变使她有了一段精彩的人生经历。

生活中一些困难或愿望得不到实现时，人难免会产生负面的情绪体验。如果你不快乐，那么不妨仔细想一下，是不是那些悲观的念头像一张网一样缠绕了你的心灵？

历史的长河汹涌澎湃，人生也不过短暂的几十年时间。这样短暂的生命，我们是用来烦恼，把自己和烦恼牢牢捆绑在一起，还是轻松地面对输赢，微笑面对挑战？答案不言而喻。

同样是生活，为什么要被烦恼囚禁，放不开手脚？即便踢球踢不过一般人，唱歌经常跑调跑得拉不回来，个子矮小，这又怎么样？谁说这样的人就不能踢球，就不能唱歌？没有什么好烦恼的，放下一切，兀自享受你当下该享受的快乐即可。

旁观拍手笑疏狂，疏又何妨？狂又何妨？

记住,明天又是新的一天

相信每一个读过美国作家玛格丽特·米切尔的《飘》的人,都会记得主人公思嘉丽在小说中多次说过的话。在面临生活困境与各种难题的时候,她都会用这句话来安慰自己——"无论如何,明天又是新的一天",并从中获取巨大的力量。

和小说中思嘉丽颠沛流离的命运一样,我们一生中也会遇到各种各样的困难和挫折。面对这些一时难以解决的问题,逃避和消沉是解决不了问题的,唯有以阳光的心态去迎接,才有可能最终解决。阳光的人每天都拥有一个全新的太阳,积极向上,并能从生活中不断汲取前进的动力。

"不论担子有多重,每个人都能支持到夜晚的来临,"寓言家罗伯特·史蒂文生写道,"不论工作有多苦,每个人都能做他那一天的工作,每一个人都能很甜美、很有耐心、很可爱、很纯洁地活到太阳下山,而这就是生命的真谛。"不错,生命对我们所要求的也就是这些。

可是住在密歇根州沙支那城的薛尔德太太,在学到"要生活到上床为止"这一点之前,却感到极度的颓丧,甚至于几乎想自杀。

1937年,薛尔德太太的丈夫死了,她觉得非常颓丧而且几乎不名一文。她写信给她以前的老板,请他让她回去做她以前的工作。她以前靠推销《世界百科全书》过活。两年前她丈夫生病的时候,她把汽车卖了。于是她勉强凑足钱,分期付款才买了一辆旧车,又开始出去卖书。她原想,再回去做事或许可以帮她摆脱她的颓丧。可是要一个人驾车,一个人吃饭,几乎令她无法忍受。有些区域简

直就做不出什么成绩来,虽然分期付款买车的钱数目不大,却很难付清。

1938年的春天,她到密苏里州的维沙里市,那里的学校都很穷,路很坏,很难找到客户。她一个人又孤独又沮丧,有一次甚至想要自杀。她觉得成功是不可能的,活着也没有什么希望。每天早上她都很怕起床面对生活。她什么都怕,怕付不出分期付款的车钱,怕付不出房租,怕没有足够的东西吃,怕她的健康情形变坏而没有钱看医生。让她没有自杀的唯一理由是,她担心她的姐姐会因此而很难过,并且她姐姐也没有足够的钱来支付自己的丧葬费用。

然而有一天,她读到一篇文章,使她从消沉中振作起来,使她有勇气继续活下去。她永远感激那篇文章里的一句很令人振奋的话:"对一个聪明人来说,太阳每天都是新的。"她用打字机把这句话打下来,贴在车子的挡风玻璃上,这样,在她开车的时候,每一分钟都能看见这句话。她发现每次只活一天并不困难,她学会忘记过去,每天早上都对自己说:"今天又是一个新的生命。"

薛尔德太太成功地克服了对孤寂的恐惧和对需要的恐惧。她现在很快活，也还算成功，并对生命抱着热忱和爱。她现在知道，不论在生活上碰到什么事情，都不要害怕；她现在知道，不必害怕未来；她现在知道，每次只要活一天，"对一个聪明人来说，太阳每天都是新的"。

在日常生活中，可能会碰到令人兴奋的事情，也同样会碰到令人消极的、悲观的坏事，这本来应属正常。如果我们的思维总是围着那些不如意的事情转的话，也就相当于往下看，那样终究会摔下去的。因此，我们应尽量做到脑海想的、眼睛看的，以及口中说的都是光明的、乐观的、积极的，相信每天的太阳都是新的，明天又是新的一天，发扬往上看的精神才能在我们的事业中获得成功。

古希腊诗人荷马曾说过："过去的事已经过去，过去的事无法挽回。"的确，昨日的阳光再美或者风雨再大，也移不到今日的画册。我们又为什么不好好把握现在，充满希望地面对未来呢？

只管走过去，不要沉迷于一朵花，因为一路上，会有更多的花朵在开放。

调节身心，做情绪的主人

情绪如同一枚炸药，随时可能将你炸得粉身碎骨。遇到喜事喜极而泣，遇到悲伤的事情一蹶不振，人世间的悲欢离合都被人的情绪左右。

爱、希望、同情、乐观、快乐、愤怒、恐惧、悲哀、疼痛、贪婪、嫉妒，都是人的情绪。情绪可能带来伟大的成就，也可能带来惨痛的失败，人必须了解、控制自己的情绪，勿让情绪左右自己。情绪的控制，取决于一个人的气度、涵养、胸怀、毅力。气度恢宏、心胸博大的人都能做到不以物喜，不以己悲。

激怒时要疏导、平静；过喜时要收敛、抑制；忧愁时宜释放、自解；思虑时应分散、消遣；悲伤时要转移、娱乐；恐惧时寻找支持、帮助；惊慌时要镇定、沉着……情绪控制好，心理、身体才健康。

空姐吴尔愉是个控制情绪的高手。她的优雅美丽来自一份健康的心态。她认为，遇到心里不畅快的情况，一定要与人沟通，释放不快。如果一个人习惯用自己的优点和别人的缺点比，对什么都不满意，却对谁都不说，日积月累，不但心情会很糟糕，就是皮肤也会粗糙，美貌当然会减半。所以，有不开心、不顺心的事时，一定要找一个倾诉的伙伴，不但自己能一吐为快，朋友也能从旁观者的角度给你建议，让你豁然开朗。在工作中，她善于控制情绪，让工作成为好心情的一部分。飞机上常常遇见刁钻、挑剔的客人，吴尔愉总是能够让他们满意而归。她的秘诀就是自己要控制好情绪，不要被急躁、忧愁、紧张等消极情绪左右，要换位思考，乐于沟通。

有一位患上皮肤病的客人在飞机上十分暴躁，一些空姐都被他惹得生起气来。此时吴尔愉却亲切地为他服务，并且让空姐们想想如果自己也得了皮肤病，是否会比他还暴躁。在她的劝导下，大家都细心照顾起这位乘客。

做自己情绪的主人，是吴尔愉生活的准则，也是她事业成功的秘诀。以她名字命名的"吴尔愉服务法"已成为中国民航首部人性化空中服务规范。人有喜怒哀乐不同的情绪体验，不愉快的情绪必须释放，以求得心理上的平衡。但不能发泄过分，否则，既影响自己的生活，又加剧了人际矛盾，于身心健康无益。

当遇到意外的沟通情景时，就要学会运用理智和自制，控制自己的情绪，轻易发怒只会造成负面效果。

焦虑的时候，理智地分析原因，冷静地恢复自信心，使自己振奋，摆脱主观臆断。抑郁的时候，可以用郊游、运动、与人交谈、读书写字、听音乐、看图画等方式来转移注意力。健康有益的活动，往往对人产生良性刺激，使你得以解脱。

愤懑的时候，增强对自我价值认识，不妨暂且松懈甚至放弃一下竞争的积极性，让自己的情绪得到缓冲，减轻一下环境的刺激。嫉妒的时候，让自己拥有一颗宽容的心，试着去欣赏别人的成功与优秀，勿把时间、生命、精力浪费在议论别人身上。

面临困境，不要让消极情绪占据你的头脑。保持乐观，将挫折视为鞭策自己前进的动力，遇事多往好处想，多聆听自己的心声，给自己留一点儿时间，平心静气，努力在消极情绪中加入一些积极的思考。

累了，去散一会儿步。到野外郊游，到深山大川走走、散散心，极目绿野，回归自然，荡涤一下胸中的烦恼，清理一下浑浊的思绪，净化一下心灵的尘埃，唤回失去的理智和信心。

唱一首歌。一首优美动听的抒情歌、一曲欢快轻松的舞曲或许会唤起你对美好过去的回忆，引发你对灿烂未来的憧憬。

读一本书。在书的世界遨游，将忧愁悲伤统统抛诸脑后，让你的心胸更开阔，气量更豁达。

看一部精彩的电影，穿一件漂亮的新衣，吃一点儿最爱的零食……不知不觉间，你的心不再是情绪的垃圾场，你会发现，没有什么比被情绪左右更愚蠢的。

生活中许多事情都不能被我们左右，但是我们可以左右我们的心情，不再做悲伤、愤怒、嫉妒、消极的奴隶，以一颗积极健康的心去面对生活的每一天。

能适度地表达和控制自己的情绪，才能成为情绪的主人。

>>> 第四章
# 放下嫉妒和抱怨
——在宽容的围墙里亲吻幸福

有的人总是爱抱怨和嫉妒,甚至当成了一种生活习惯。因为抱怨可以出气宣泄,可以麻醉心灵,甚至会把自己的某些挫折、失败归于外界因素等。但不管怎么说,谁听到那些喋喋不休的抱怨,都只会觉得不顺耳,不开心,甚至厌恶。与其抱怨和嫉妒,不如调整自己的心态,只有学会了宽容,才能够乐观地生活。

放下抱怨才能亲吻幸福

"我的手还能活动;我的大脑还能思维;我有终生追求的理想;我有爱我和我爱着的亲人与朋友;对了,我还有一颗感恩的心……"

谁能想到这段豁达而美妙的文字,竟出自于一位在轮椅上生活了30多年的高位瘫痪的残疾人——世界科学巨匠霍金。命运之神对霍金,在常人看来是苛刻得不能再苛刻了:他口不能说,腿不能站,身不能动。可他仍感到自己很富有:一根能活动的手指,一个能思考的大脑……这些都让他感到满足,并对生活充满了感恩。因而,他的人生是充实而快乐的。

与霍金相比,许多身体健康的人对生活并不知足,遇到一点儿磨难，他就开始怨天尤人。这样的人没有感恩之心，快乐也就与他无缘。生活中，我们常常看到一些人才貌双全，拥有让人羡慕的家境和学历，但他们并不快乐，无论物质的给予是多么的丰厚，他们都不会感到满足和幸福。没有幸福感的人，总是容易被时间催老，淡忘生活的意义。

常有父母抱怨孩子们不听话，孩子们抱怨父母不理解她们，男朋友抱怨女朋友不够温柔，女孩子抱怨男孩子不够体贴。在工作中，也常出现领导埋怨下级工作不得力，下级埋怨上级不够理解自己，不能发挥自己的才能。总之，他们对生活永远是抱怨，而不是感激。他们只是在意自己没有得到什么好处，却不曾想别人付出了多少，抱怨换不来幸福，相反，得到的只是更深的痛苦。其实，幸福是一种感觉，虽然有外在的因素，但更多地取决于自己的内心。

如果一个人不能够经受世界的考验，感受这个世界的美好，心胸只能容得下私利，那他就得不到幸福。父母的养育，师长的教诲，配偶的关爱，他人的服务，大自然的慷慨赐予……你从出生那天起，便沉浸在恩惠的海洋里。只有你真正明白了这些，你才会感恩大自然的福佑，感恩父母的养育，感恩社会的安定，感恩食之香甜，感恩衣之温暖……就连对自己的敌人，也不忘感恩，因为真正促使自己成功，使自己变得机智勇敢、豁达大度的不是顺境，而是那些常常可以置自己于死地的打击、挫折和对立面。

感恩是一种处世哲学，是生活中的大智慧。人生在世，不可能一帆风顺，种种失败、无奈都需要我们勇敢地面对，旷达地处理。当挫折、失败来临时，是一味地埋怨生活，从此变得消沉、萎靡不振，还是对生活满怀感恩，跌倒了再爬起来？

感恩不纯粹是一种心理安慰，也不是对现实的逃避，更不是阿Q的"精神胜利法"。感恩，是一种歌唱生活的方式，它来自对生活的爱与希望。懂得感恩的人不会对生活抱怨，因为只有放下抱怨才能够亲吻幸福。

> 生活就是一面镜子，你笑，它也笑；你哭，它也哭。

算计别人将会误伤自己

俗话说：真正聪明的人，往往聪明得让人不以为其聪明。聪明人表面笨拙、糊涂，实则内心清楚明白。

北宋大臣吕端，官至宰相，是三朝元老，他平时不拘小节、不计小过，仿佛很糊涂，但处理起朝政来机敏过人、毫不含糊。宋太宗称他是"小事糊涂，大事不糊涂"。其实，"大事不糊涂"者怎么可能"小事糊涂"呢？须知大事就是小事积聚起来的。所谓小事糊涂，只是装糊涂而已，因为真正的智者不屑在小事上浪费时间和精力。在处理大事与小事的关系上，有人提出了一种论点：大事小事都精明——少；大事精明，小事糊涂——好；大事糊涂，小事精明——糟。在古罗马律法中就有"行政长官不宜过问细节"一条。

在现实生活中，不仅仅是领导者，普通人也要时时面对自己的大事和小事。何为大事？影响全局的事为大事，决定整体的事为大事，范围内的工作为大事，也就是说，以结果来评价事之大小。对于一个企业管理者来讲，不管其工作性质如何、内容多寡，其工作程序和本质是不变的。工作的关键环节和关键行为应视为大，在这些问题上，思路必须清楚，不能糊涂。

美国心理专家威廉根据多年的实践，列出了500道测试题，测试一个人是不是一个"太能算计者"。这些测试题很有意思。比如，是否同意把一份钱再分成几份花？是否认为银行应当和你分利才算公平？是否梦想别人的钱变成你的？出门在外是否常想搭个不花钱的顺路车？是否经常后悔你买来的东西根本不值？是否常常觉得你在生活中总是处在上当受骗的位置？是否因为给别人花了钱而变得闷闷不乐？买东西的时候，是否为了节省一块钱而付出了极大的代价，甚至你自己都认为，跑的冤枉路太长了？……只要你如实地回答这些问题，就能测出你是不是一个"太能算计者"。

威廉认为，凡是对金钱利益太过于算计的人，都是活得相当辛苦的人，又总是感到不快的人。在这些方面，他有许多宝贵的总结。

第一，一个太能算计的人，通常也是一个事事计较的人。无论他表面上多么大方，他的内心深处都不会坦然。算计本身首先已经使人失掉了平静，掉在一事一物的纠缠里。而一个经常失去平静的人，一般都会引起较严重的焦虑症。一个常处在焦虑状态中的人，不但谈不上快乐，甚至是痛苦的。

第二，爱算计的人在生活中，很难得到平衡和满足，反而会由于过多的算计引起对人对事的不满和愤恨，常与别人闹意见，分歧不断，内心充满了冲突。

第三，爱算计的人，心胸常被堵塞，每天只能生活在具体的事物中不能自拔，习惯看眼前而不顾长远。更严重的是，世上千千万万事，爱算计者并不是只对某一件事情算计，而是对所有事都习惯于算计。太多的算计埋在心里，如此积累便是忧患。忧患中的人怎么会有好日子过？！

第四，太能算计的人，也是太想得到的人。而太想得到的人，很难轻松地生活。

第五，太能算计的人，他总在发现问题，发现错误，处处担心，事事设防。

从另一个角度来说，一个人大事不糊涂，小事也精明，事事都按照自己的方式算计，就不可能拥有很多朋友，也不可能在团队中发挥最好的作用。人毕竟没有三头六臂，当你事事过分计较，只顾自己利益，不考虑他人，终究会招致别人的反感，最终不利的是自己。

所以，在办事时，千万不要在小事上纠缠不休，搞得自己精疲力竭、心绪不宁，而到了大事面前，却又真的糊涂了。

算计别人最终伤害的还是自己，难得糊涂其实是一种生活智慧与生存哲学。洒脱大方的人会给他人带来欢笑，同时也给自己赢得愉悦的感受。

真正聪明的人在一些小事上不会锱铢必较，而在大事上则会保持清醒头脑。

不以己心定善恶

我们在对任何一个事物做出判断或者得出结论之前，都应该先抛开个人的喜好，静下心来，心平气和地对事物进行充分的调查、了解和分析，这样才能保证我们所做出的判断或得出的结论是正确的。在善恶的分辨上，人也不能仅仅站在自己的立场上，以一己之见评判哪个是好的，哪个是坏的。以个人利害评善恶就是狭隘的门户之见。

德国诗人歌德曾说："真理就像上帝一样。我们看不见它的本来面目，我们必须通过它的许多表现而猜测到它的存在。"真理往往细弱如丝，混杂在一堆假象里，我们的眼睛、我们的心智甚至我们道德上的缺失都会阻碍我们去敲响真理的门，对不了解的事，对尚未为人所知的领域做出错误的判断。

我们之所以需要事先对事物进行全面而深刻的了解和分析，在很大的程度上是因为很多事情并不是像它看上去的那样。

两个旅行中的天使到一个富有的家庭借宿。这家人对他们并不友好，并且拒绝让他们在舒适的客房里过夜，而是在冰冷的地下室给他们找了一个角落。当他们铺床时，较老的天使发现墙上有一个洞，就顺手把它修补好了。年轻的天使问为什么，老天使答道："有些事并不像它看上去的那样。"第二晚，两人又到了一个非常贫穷的农家借宿。主人对他们非常热情，把仅有的一点儿食物拿出来款待客人，然后又让出自己的床铺给两个天使。第二天一早，两个天使发现农夫和他的妻子在哭泣，他们唯一的生活来源——那头奶牛死了。

年轻的天使非常愤怒，他质问老天使为什么会这样，第一个家庭什么都有，老天使还帮助他们修补墙洞；第二个家庭尽管如此贫穷，却还是热情款待客人，而老天使却没有阻止奶牛的死亡。

"有些事并不像它看上去的那样。"老天使答道，"当我们在地下室过夜时，我从墙洞看到墙里面堆满了古代人藏于此的金块。因为主人被贪欲迷惑，不愿意分享他的财富，所以我把墙洞补上了。昨天晚上，死亡之神来召唤农夫的妻子，我让奶牛代替了她。"

小天使为什么抱怨呢？因为他是以两家对待他的态度为评判标准的，他断定的好坏恰好与事实相反。

可见，真理并不是那么轻而易举就能被我们掌握的。很多事情就如上述的故事一样，并不是看上去的那个样子。善恶亦是如此，即使在很好地掌握知识的前提下，我们也没有资格来定善恶。

年轻人去拜访一位住在大山里的禅师，与他讨论关于美德的问题。

这时候，一个强盗也找到了禅师，他跪在禅师面前说："禅师，我的罪过太大了，很多年以来我一直寝食难安，难以摆脱心魔的困扰，所以我才来找你，请你为我澄清心灵。"

禅师对他说："你找错人了，我的罪孽可能比你的更深重。"

强盗说："我做过很多坏事。"

禅师说："我曾经做过的坏事肯定比你做过的还要多。"

强盗又说："我杀过很多人，只要闭上眼睛我就能看见他们的鲜血。"

禅师也说："我也杀过很多人，我不用闭上眼睛就能看见他们的鲜血。"

强盗说："我做的一些事简直没有人性。"

禅师回答："我都不敢去想那些我以前做过的没人性的事。"

强盗听禅师这么说，便用一种鄙夷的眼神看了禅师一眼，说："既然你是这样一个人，为什么还在这里自称为禅师，还在这里骗人呢！"于是他起身，一脸轻松地下山去了。

年轻人在旁边一直没有说话，等到那个强盗离去以后，他满脸疑惑地向禅师问道："你为什么要这样说？我了解你是一个品德高尚的人，一生中从未杀过生。你为什么要把自己说成是个十恶不赦的坏人呢？难道你没有从那个强盗的眼中看到他已对你失去信任了吗？"

禅师说道："他的确已经不信任我了，但是你难道没有从他的眼睛中看到他如释重负的感觉吗？还有什么比让他弃恶从善更好的呢？"

年轻人激动地说："我终于明白什么叫作美德了！"

大山里的这位禅师是智慧的，他对强盗没有关于道德的说教，也没有润物细无声的劝诫。

对强盗来说，他认识到自己罪孽深重，他痛苦的原因是活在世人的善恶标准下，所以罪不得赦，不能解脱。直等到禅师现身说法，暗示他不可以个人利害评判善恶，他认罪了，他从罪的污秽泥淖中走出来，如释重负。

禅师真是高人，他假造自己的恶，做了一件大大的善事。从善的有利意义来看，有利就是善，这是超越个人利害，来评判善恶的关键所在。

真理就像上帝一样。我们看不见它的本来面目，我们必须通过它的许多表现而猜测它的存在。

摘下有色眼镜，不以一时荣辱取人

明朝的冯梦龙曾警告世人："不可以一时之誉，断其为君子；不可以一时之谤，断其为小人。"其主旨在于看人不可以偏概全，不可以一时的荣辱取人。其实这是很难做到的，所以《大学》中有云："好而知其恶，恶而知其美者，天下鲜矣。"

传说公冶长善辨鸟语。他生活贫困，经常没有粮食吃。有一次，一只鸟飞到他的房前，大声对他鸣叫着说："公冶长！公冶长！南山有个虎驮羊，尔食肉，我食肠，当急取之勿彷徨。"公冶长听了之后，马上跑到南山，果然看见一只被虎咬死的山羊，于是拿了回来。后来，羊的主人在公冶长家里发现了羊角，就认为是他偷了羊，把他告到鲁国国君那里。公冶长将事情的经过说了一遍，但鲁国国君不信他懂得鸟语，将他关进了监狱。孔子知道他的秉性，为他向国君申辩求情，但鲁国国君没有理会。

过了几天，公冶长在狱中，听到上次那只鸟又叫道："公冶长！公冶长！齐人出师侵我疆。沂水上，峄山旁，当亟御之勿彷徨。"他听后，马上将此事报告给了国君，国君仍然不相信他的话，但还

是派人前去查看，结果真的发现了齐国的军队，于是发兵突袭，取得大胜，因此释放了公冶长，并给了他很多赏赐，还想让他做大官，公冶长坚辞不受，因为他觉得凭自己懂得鸟语获得官位是一种耻辱。

公冶长曾经蒙冤，虽然后来得到平反，但也难免会遭受世俗的歧视，人们避之唯恐不及。孔子超脱世俗之偏见，不以一时之荣辱取人，而且还把女儿嫁给了他。

孔子能做出这样的决定，在当时实属难能可贵。社会已经发展了两千多年，很多事情都已发生了翻天覆地的变化，但就"不以一时荣辱取人"这一点而言，人们仍然未能做到如孔子一般，甚至还有越发后退之嫌。在当今社会，出现了越来越多的"势利眼"，这些人看重的便是当下这一刻。柏杨先生对势利眼有自己的看法："势利眼对别人是一种刺激，可以刺激别人发奋上进，对自己却是一帖毒药，轻则伤害自己心灵，重则惹火上身。"无论对别人而言，是怎么样的效果，单从对自己的结果来看，势利眼无疑是一个致命伤，而这种致命伤最直观的表现就是以貌取人。

从前有一位居士，常发愿要见文殊师利菩萨，因此不断广行布施，恤孤济寡。每逢斋日，斋戒沐浴，严净坛场，敷设高座，种种供养，至心恳礼文殊师利菩萨驾临坛场，以满所愿。

有一次，居士见坛内的椅上坐一老翁，不但不修边幅，而且容貌极其丑恶。豆大的眼屎，深黄的鼻涕，如弓的佝偻，似土的肤色，简直形如夜叉，人鬼不辨。居士吓得倒退一旁，一颗虔诚心，顿成怔忪心，并自思念：我每敷高座，庄严坛场，皆愿求文殊师利菩萨光临道场，慈悲一现。而今座上，究是何人？竟然胆大包天，敢于上座。遂走至座前，在气愤之下便牵着老翁下座，并嘱之曰："请老翁自爱，下不为例。"老翁毫无表情，悄然而去。

第二天，居士便净备香花水果，前往寺中，恭献佛前，虔礼默祷曰:"弟子某持此功德,愿现世得见文殊师利菩萨。"事毕返家,晚间就寝,于梦中有人言:"你一向恭敬诚求,愿见文殊师利菩萨。可是,你见之而不识,当面错过,还求于何处得见文殊?"居士曰:"我素来细心观察,未见形影,究于何处得见,请君示知?"梦中人言:"日前你严净坛场,敷设高座,于高座上,坐一老翁,彼即文殊师利菩萨。"居士闻言及此,不觉周身急出大汗,自梦中醒来,遂向空中求乞忏悔。

生活中有一些人,便如同故事中的居士一样,习惯于戴着有色眼镜看人。他们把正直的人看成恶徒,把有才华的人看成窝囊废。他们为此犯下了许多错误,同时也影响了正常的人际关系。摘下佩戴许久的有色眼镜,丢弃以一时荣辱取人的旧习惯,看看这个世界本来的样子,否则将一直被蒙在鼓里。

> 不可以一时之誉,断其为君子;不可以一时之谤,断其为小人。

放下抱怨,把微笑送给刁难自己的人

一位老人,每天都要坐在路边的椅子上,向开车经过镇上的人打招呼。有一天,他的孙女在他身旁,陪他聊天。这时有一位游客模样的陌生人在路边四处打听,看样子想找个地方住下来。

陌生人从老人身边走过,问道:"请问,住在这座城镇还不错吧?"老人慢慢转过来回答:"你原来住的城镇怎么样?"游客说:"在我原来住的地方,人人都很喜欢批评别人。邻居之间常说闲话,总之那地方很不好住。我真高兴能够离开,那不是个令人愉快的地方。"摇椅上的老人对陌生人说:"那我得告诉你,其实这里也差不多。"过了一会儿,一辆载着一家人的大车在老人旁边的加油站停下来加油。车子慢慢开进加油站,停在老先生和他孙女坐的地方。

这时,一位先生从车上走下来,向老人说道:"住在这个镇不错吧?"老人没有回答,又问道:"你原来住的地方怎样?"那位先生看着老人说:"我原来住的城镇每个人都很亲切,人人都愿帮助邻居。无论去哪里,总会有人跟你打招呼,说谢谢。我真舍不得离开。"老人看着这位先生,脸上露出和蔼的微笑:"其实这里也差不多。"

等到那家人走远,孙女抬头问老人:"爷爷,为什么你告诉第一个人这里很可怕,却告诉第二个人这里很好呢?"

老人慈祥地看着孙女说:"人们在评述一件事情的时候,很难做到公正。因为即使是陈述事实,也往往加入了自己的态度。第一个人一直在抱怨,他的心中充满了挑剔和不满,可是第二个人却懂得感恩,他能够看到人们的可爱和善良。我正是根据两个不同人的心理给出的答案啊!"

不管你搬到哪里,你都会带着自己的态度,完全公正的事实是不存在的。抱怨与非抱怨的语言可能一模一样,却很容易分辨出来,因为其中隐含的能量是不同的。如果你心中长期存有不满,说出来的话必然会带着抱怨的情绪。如果你希望某人或当前的情势有所转变,这就是抱怨。如果你希望一切有别于现状,这就是抱怨。

其实,眼前的不顺心,不会成为你一辈子的障碍。所以,即使面临困境,也不要因为不满或者悲观而抱怨,坚持一下,总会等到晴天。生命,是顺境与逆境的轮回。只要我们在逆境中也能坚持自己,再苦也能笑一笑,再委屈的事情,也能用博大的胸怀容纳,那么,人生就没有不能接受的事实。

当我们处于所谓的逆境,从内心抗拒着所处的现实时,不妨想一想在路上奔跑的车辆,不论经历着怎样的颠簸和曲折,它们都快乐地一路向前。在曲折的人生旅途上,只要我们内心充满了阳光,用乐观的心打量这个世界,我们就会发现,原来不是生活不美好,而是我们一直在抱怨中扭曲了自己。我们会学会感恩,学会与人分享,学会在残缺中品味快乐,在逆境中感受幸福。

> 当你说完某句话觉得心有不妥时,那八成就是在抱怨了。

放下多疑,拉近心与心的距离

生活过得越来越富足了,人们却忘记了当初同行的日子,开始变得多疑起来。多疑的人怀疑着一切,他们整日心神不宁,像是自己在和自己做困兽之斗,疲惫的永远是自己。

古代有两个弟兄,他们从小一起拜师学武术,当他们学成以后,师傅就让他们去参军,报国杀敌。在去参军的路上,他们遇到一帮来势汹汹的土匪,土匪将他们包围在一个洼地,情急之下,这两个人将背紧紧靠在一起,在正面用利剑一次一次地阻挡土匪的进攻,最后杀出重围。在以后的战斗中,两个人始终背靠着背战斗在一起。

有一次,两人到敌方属地刺探军情,不幸被敌兵发现,敌国的重兵将他们围在中间,却没有置他们于死地,目的是想从他们的口中得到一些重要的情报,结果两个人宁死不屈,奋力抵抗。两个人都受了很重的伤，但他们始终竭力地拼杀，坚持着为背后的人阻挡刀剑。在他们快要坚持不住的时候，救兵终于赶到，两个人才得以幸存下来。

年过花甲后，两位老人返回故里。村子里经常有很多年轻人来问他们是如何在战场上将敌人一次又一次击退的。两位老人经常先会心一笑，然后将衣服脱下来，给这些年轻人看，他们发现两位老人的胸前全是伤疤，但他们的后背居然没有任何伤痕。一位老人解释道：战斗中我们彼此信任对方，只管应付前面的敌人，将后背托付给对方，因为后面有我最信任的人保护我。

两个兄弟因背后有最信任的人，才逃脱凶杀中的灾难，所以，请放下你的多疑吧。背靠背地并肩作战，不只是一种智慧的作战方式，更是一种人生的态度，一种敢于信任他人的勇气，一种难得的平和的心态。

听完这个故事，你一定会明白怎么样走路才会越走越宽。有时候，我们缺的不是才学，也不是机遇，而是一颗信任别人的心。

多疑有时看似安全，在一定程度上它可以拒绝来自外界的危险，但是也拒绝了来自身边的安全。大鹏展翅时不会怀疑天空，鲲鱼遨

游时也不会怀疑海洋，而我们要想淹没在鲜花和掌声里，也不应怀疑身边的朋友。

不单是争取鲜花和掌声时，我们应该放下多疑的防卫层，其实，在面对生活中的各种事情时，我们都不应该多疑。领导和属下之间不能多疑，否则将是一损共损；朋友之间不需要多疑，因为交出去的是真心，收回来的不会是假意；夫妻之间不能存在多疑，因为同床异梦带不来家的和睦、情的长久。

在生活的琐碎里，多疑让人心生惶惑与不安，而在关键的时候，它就成了指向自己的利器。人生在世，功名利禄的输赢不过是一种对人生挂饰的博取，但内心的安然，不是那些外在的挂饰所能填补的。放下你多疑的防卫层吧，以一种悦人利己的信任来拥抱一生的内心安宁。

多疑是人与人之间的迷雾，隔开了心与心的交流与信任。

>>> 第五章
# 放弃执念和妄念
——转个弯就是阳光普照

境由心生,如果我们不顺应发展,不懂变通与及时放下,就无法向前迈开步伐。执念和妄念是个永远走不出的泥潭,不放下,永远都会陷在无边的雾霾里。若懂得变通,转个念,转过身,眼前很可能就是阳光普照的新天地。

失败时,不妨换个角度思考

人生总免不了要遭遇这样或者那样的失败。确切地说,我们几乎每天都在经受和体验各种失败。有时候,我们甚至会在毫不经意和不知不觉之间与失败不期而遇。

面对失败,我们又往往会采取习惯的对待失败的措施和办法——或以紧急救火的方式扑救失败,或以被动补漏的办法延缓失败,或以收拾残局的方法打扫失败,或以引以为戒的思维总结失败……虽然这些都是失败之后十分需要甚至必不可少的,但是在眼睁睁看着失败发生而又无法抢救的情况下采取的无奈之举。任凭失败一路前行而无力改变,实在是更大的失败和遗憾。

在美国西部的一个农场,有一个伐木工人叫刘易斯。一天,他独自一人开车到很远的地方去伐木。一棵被他用电锯锯断的大树倒下时，被对面的大树弹了回来，他躲闪不及，右腿被沉重的树干死死压住，顿时血流不止，疼痛难忍。

面对自己伐木史上从未遇到过的失败和困难，他的第一个反应就是："我该怎么办？"

他看到了这样一个严酷的现实：周围几十里没有村庄和居民，10小时以内不会有人来救他，他会因为流血过多而死亡。他不能等待，必须自己救自己。他用尽全身力气抽腿，可怎么也抽不出来。他摸到身边的斧子，开始砍树。但因为用力过猛，才砍了三四下，斧柄就断了。他真是觉得没有希望了，不禁叹了一口气，但他克制住了痛苦和失望。他向四周望了望，发现在不远的地方，放着他的电锯。他用断了的斧柄把电锯弄到手，想用电锯将压在腿上的树干锯掉。可是，他很快发现树干是斜着的，如果锯树，树干就会把锯条死死夹住，根本拉动不了。看来，死亡是不可避免了。

然而，正当他几乎绝望的时候，他忽然想到了另一条路，那就是不锯树而把自己被压住的大腿锯掉。这是唯一可以保住性命的办法！他当机立断，毅然决然地拿起电锯锯断了被压着的大腿。他终于用难以想象的决心和勇气，成功地拯救了自己！

失败时，我们不妨换一个角度去思考，也许就会走出所谓的失败，走向成功，所以说问题的关键不是失败，而是我们看待失败的心态。

古时候有一位国王，梦见山倒了、水枯了、花也谢了，便叫王后给他解梦。王后说："大事不好。山倒了指江山要倒；水枯了指民众离心，君是舟，民是水，水枯了，舟也不能行了；花谢了指好景不长了。"国王听后惊出一身冷汗，从此患病，且愈来愈重。一位大臣要参见国王，国王在病榻上说出了他的心事，哪知大臣一听，

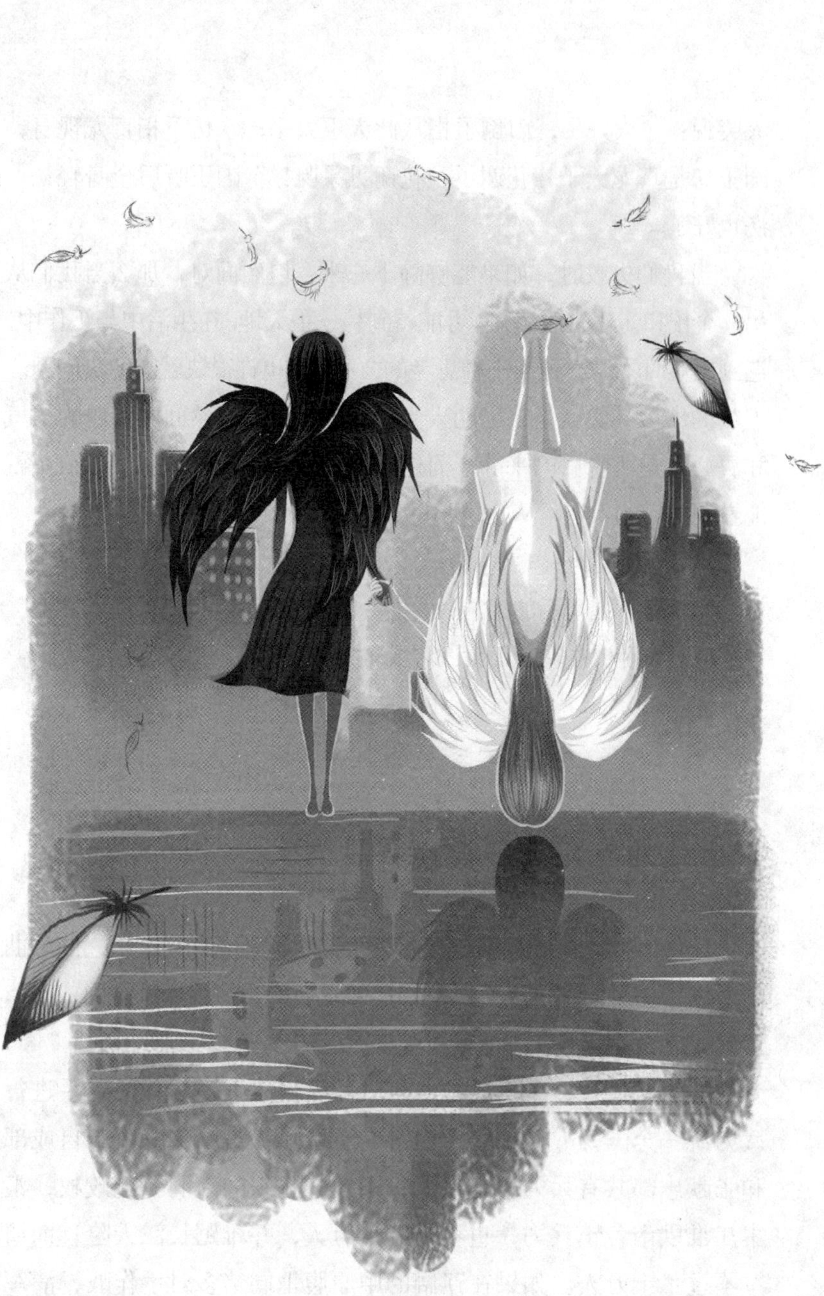

大笑说:"太好了,山倒了指从此天下太平;水枯了指真龙现身,国王您是真龙天子;花谢了,花谢见果呀!"国王听后全身轻松,病也好了。

当我们失败时,如果能够静下心来,坦然面对,那么当我们从另一个出口走出去时,就有可能看到另一番天地。在生活中与工作中,遇到困难时不妨尝试换一种思考的方式,你也许很快就会解决问题。人生的出口其实就是自己的人生蜕变,是自己坦然面对问题的勇气和决心,是洒脱后的平静,而这条路已经离你越来越近了,很快就能看到宽广的大道,从此,心将不再迷路。

失败不是最后的结果,要学会换一种角度、换一种思维去思考问题,用小失败来赢取大成功。

人生处处有死角,要懂得转弯

任何事物的发展都不是一条直线,聪明人能看到直中之曲和曲中之直,并不失时机地把握事物迂回发展的规律,通过迂回应变,达到既定的目标。

顺治元年,清王朝迁都北京以后,摄政王多尔衮便着手进行武力统一全国的战略部署。当时的军事形势是:农民军李自成部和张献忠部共有兵力四十余万;刚建立起来的南明弘光政权,汇集江淮以南各镇兵力,也不下五十万人,并雄踞长江天险;而清军不过二十万人。如果在辽阔的中原腹地同诸多对手作战,清军兵力明显不足。况且迁都之初,人心不稳,弄不好会造成顾此失彼的局面。

多尔衮审时度势，机智灵活地采取了以迂为直的策略，先怀柔南明政权，集中力量打击农民军。南明当局果然放松了警惕，不但不再抵抗清兵，反而派使臣携带大量金银财物，到北京与清廷谈判，向清求和。这样一来，多尔衮在政治上、军事上都取得了主动地位。

顺治元年七月，多尔衮对农民军的打击取得了很大进展，后方亦趋稳固。此时，多尔衮认为最后消灭明朝的时机已经到来，于是，发起了对南明的进攻。当清军在南方的高压政策和暴行受阻时，多尔衮又施以迂为直之术，派明朝降将、汉人大学士洪承畴招抚江南。顺治五年，多尔衮以他的谋略和气魄，基本上实现了清朝在全国的统治。

在与强劲的对手交锋时，迂回的手段高明、精到与否，往往是能否在较短的时间内由被动转为主动的关键。

美国著名企业家李·艾柯卡在担任克莱斯勒汽车公司总裁时，为了争取到10亿美元的国家贷款以解公司之困，他在正面进攻的同时，采用了迂回包抄的方法。一方面，他向政府提出了一个现实的问题，即如果克莱斯勒公司破产，将有60万左右的人失业，第一年政府就要为这些人支出27亿美元的失业保险金和社会福利开销，政府到底是愿意支出这27亿呢，还是愿意出10亿极有可能收回的贷款？另一方面，对那些可能投反对票的国会议员们，艾柯卡吩咐手下为每个议员开列一份清单，清单上列出该议员所在选区所有同克莱斯勒有经济往来的代销商、供应商的名字，并附有一份万一克莱斯勒公司倒闭，将在其选区造成的经济后果的分析报告，以此暗示议员们，若他们投反对票，因克莱斯勒公司倒闭而失业的选民将怨恨他们，由此也将危及他们的地位。

这一招果然很灵,一些原先强烈反对给克莱斯勒公司提供贷款的议员闭了嘴。最后,国会通过了由政府支持克莱斯勒公司 15 亿美元的提案,比克莱斯勒公司原来要求的多了 5 亿美元。

俗话说:"变则通,通则久。"在一些暂时没有办法解决的事情面前,我们应该学着变通,不能死钻牛角尖,此路不通就换另一条路。有更好的机会就赶快抓住,不能一条道走到黑。

生活不是一成不变的,有时候我们转过身就会发现,原来我们身后也藏着机遇,只是当时我们赶路太急,忽略了那些美好的事物。

遇到死角及时转弯,换个角度,换种视角,出路就在不远处。一条道走到黑,注定会失败。

掬一捧清泉,原来只需换个地方打井

生活有时就像打井,如果在一个地方总打不出水来,你是一味地坚持继续打下去,还是考虑可能是打井的位置不对,从而及时调整工作方案去寻找一个更容易出水的地方打井?

人生之中,每个人都具有独特的、与众不同的才能和心智,也总存在着一些更适合于他做的事业。在竭尽全力拼搏之后却仍旧不能如愿以偿时,我们应该这样想:"上天告诉我,转入另外一条发展道路上,一定能取得成功。"因为种种原因而不得不改变自己的发展方向时,也应告诉自己:"原来是这样,自己一直认为这是很适合自己的事,不过,一定还有比这个更适合自己的事。"尝试着换个地方打井，也同样会觅到甘甜清冽的水。

有一位农民，从小便树立了当作家的理想。为此，他十年如一日地坚持每天写作。他将一篇篇改了又改的文章满怀希望地寄往报社和杂志社。可是，好几年过去了，他从没有将只字片言变成铅字，甚至连一封退稿信也没有收到过。

终于在29岁那年，他收到了第一封退稿信。那是一位他多年来一直坚持投稿的刊物的编辑寄来的，编辑写道："……看得出，你是一个很努力的青年。但我不得不遗憾地告诉你，你的知识面过于狭窄，生活经历也显得相对苍白。但我从你多年的来稿中发现，你的钢笔字越来越出色……"

他叫张文举，现在是一位著名的硬笔书法家。

不管从事何种职业的人，都必须充分认识、挖掘自己的潜能，确定最适合自己的发展方向，否则有可能虚度了光阴，埋没了才能。

美国作家马克·吐温曾经经商，第一次他从事打字机的投资，因受人欺骗，赔进去19万美元；第二次办出版公司，因为是外行，不懂经营，又赔了10万美元。两次共赔将近30万美元，不仅把自己多年的积蓄赔个精光，还欠了债。

马克·吐温的妻子奥莉姬深知丈夫没有经商的才能，却有文学上的天赋，便帮助他鼓起勇气，振作精神，走上创作之路。终于，马克·吐温很快摆脱了失败的痛苦，在文学创作上取得

第五章　放弃执念和妄念

了辉煌的成就。

及时为人生掉个头,你会欣赏到另一种精彩绮丽的美景。职场中,有人终日做着自己不大擅长的工作,牢骚满腹,却甘于如此,得过且过;有人痛下决心,果断地告别待遇不错的"铁饭碗",去开创属于自己的天地。

据调查,有28%的人正是因为找到了自己最擅长的职业,才彻底地掌握了自己的命运,并把自己的优势发挥到淋漓尽致的程度。这些人自然都跨越了弱者的门槛,而迈进了成大事者之列;相反,有72%的人正是因为不知道自己的"对口职业",而总是别别扭扭地做着不擅长的工作,却又不敢换个地方"打井"。因此,不能脱颖而出,更谈不上成大事了。

如果你用心去观察那些成功者,会发现他们几乎都有一个共同的特征:不论聪明才智高低与否,也不论他们从事哪一种行业,担任何种职务,他们都在做自己最擅长的事。

优秀的人在为使自己的价值能够得到发挥而寻找途径的时候,所遵从的第一要务不是要求自己立即学习到新的本领,而是试图将自己身体内的原有的才能发挥到极限。这好比要使咖啡香甜,正确的做法不是一个劲儿地往杯子里面加入砂糖,而是将已经放入的砂糖搅拌均匀,让甜味完全散发出来。当你执着于在一个地方"打井"的时候,甘甜清冽的泉水往往就在你的身后。

为探寻真正的人生甘泉,我们需要时刻准备,去勇敢地换个地方"打井"。

从没有一艘船可以永不调整航向

　　许多人以为,学习只是青少年时代的事情,只有学校才是学习的场所,自己已经是成年人,并且早已走向社会了,因而再没有必要进行学习。剑桥大学的一位专家指出:"这种看法乍一看,似乎很有道理,其实是不对的。在学校里自然要学习,难道走出校门就不必再学了吗?学校里学的那些知识,就已经够用了吗?"其实,学校里学的知识是十分有限的。工作中、生活中需要的相当多的知识和技能,课本上都没有,老师也没有教给我们,这些东西完全要靠我们在实践中边摸索边学习。

　　彼得·唐宁斯曾是美国8点晚间新闻当红主播,他虽然连大学都没有毕业,但是把事业作为他的教育课堂。在他当了3年主播后,毅然决定辞去人人艳羡的职位,到新闻第一线去磨炼,干起记者的工作。他在美国国内报道了许多不同路线的新闻,后来他搬到伦敦,成为欧洲地区的特派员。经过这些历练后,他重新回到8点主播的位置。此时,他已成长为一名成熟稳健而又受欢迎的主播。

　　近10年来,人类的知识大约是以每3年增加一倍的速度向上提升。知识总量在以爆炸式的速度急剧增长,旧知识很快过时,知识就像产品一样频繁更新换代,使企业持续运行的期限和生命周期受到最严酷的挑战。据初步统计,世界上一个企业的平均寿命大约为5年,尤其是那些业务量快速增加和急功近利的企业,如果只顾及眼前的利益,不注意员工的培训学习和知识更新,就会导致整个企业机制和功能老化,成立两三年就"关门大吉"。联想等企业成功的经验表明：培训和学习是企业强化"内功"和发展的主要原动力。只有通过有目的、有组织、有计划地培养企业每一位员工的学习和知识更新能力，不断调整整个企业人才的知识结构，才能应付这样的挑战。

在知识经济迅猛发展的今天，你有没有想过，你赖以生存的知识、技能时刻都在折旧。在风云变幻的职场中，脚步迟缓的人瞬间就会被甩到后面。根据剑桥大学的一项调查，半数的劳工技能在1～5年内就会变得一无所用，而以前这些技能的淘汰期是7～11年，特别是在工程界，毕业后所学知识还能派上用场的不足1/4。

这绝非危言耸听，美国职业专家指出，现在的职业半衰期越来越短，高薪者若不学习，无须5年就会变成低薪。就业竞争加剧是知识折旧的重要原因，据统计，25周岁以下的从业人员，职业更新周期是人均一年零四个月。当10个人中只有1个人拥有电脑初级证书时，他的优势是明显的，而当10个人中已有9个人拥有同一种证书时，那么原有的优势便不复存在。未来社会只会有两种人：一种是忙得不可开交的人，另外一种是找不到工作的人。

所以，从没有一艘船可以永不调整航向，活到老，学到老，及时变通才是百战百胜的利器。现在知识、技能的更新越来越快，不通过学习、培训进行更新，适应性将越来越差，而那些企业又时刻把目光盯向那些掌握新技能、能为企业带来经济效益的人。新世纪的发展已经表明，未来的社会竞争将不再只是知识与专业技能的竞争，而是学习能力的竞争，一个人如果善于学习，他的前途会一片光明，而一个良好的企业团队，要求每一个组织成员都是那种迫切要求进步、努力学习新知识的人。

不根据自己的需要随时调整航向的船，只会被风暴卷入失败的深渊，"活到老，学到老"不是一句空口号，而是要我们认真去执行，才能及时调整自己前进的方向，不被社会落下。

> 不根据自己的需要随时调整航向的船，只会被风暴卷入失败的深渊。

无意义的坚持会让你走更多弯路

两个贫苦的农夫，每天都要翻过一座大山去耕地，以维持生计。有一天，他们在回家的路上发现两大包棉花，两人喜出望外。棉花的价格比粮食要高很多，将这两包棉花卖掉，足以使家人一个月衣食无忧。当下两人各自背了一包棉花，匆匆赶路回家。

走着走着，其中一个农夫眼尖，看到山路上扔着一大捆布。走近细看，竟是上等的细麻布，足足有十几匹。他欣喜之余，和同伴商量，一同放下背负的棉花，改背麻布回家。他的同伴却有不同的看法，认为自己背着棉花已经走了一大段路，到了这里丢下棉花，岂不枉费自己先前的辛苦，坚持不换麻布。无论发现麻布的农夫怎么劝同伴，同伴都不听，没办法，他只能自己竭尽所能地背起麻布，继续前行。

又走了一段路后，背麻布的农夫望见林子里闪闪发光，走近一看，地上竟然散落着数坛黄金，心想这下真的发财了，赶忙邀同伴放下肩头的棉花，改为挑黄金。他同伴仍是那套不愿丢下以免枉费辛苦的论调，并且怀疑那些黄金不是真的，劝他不要白费力气，免得到头来空欢喜一场。

发现黄金的农夫只能自己挑了两坛黄金，和背棉花的伙伴赶路回家。走到山下时，无缘无故下了一场大雨，两人在空旷处被淋湿了。更不幸的是，背棉花的农夫背上的大包棉花吸饱了雨水，重得完全无法背动，那农夫不得已，只能丢下一路舍不得放弃的棉花，空着手和挑金子的同伴回家去了。

坚持是一种良好的品性，但是有时候，坚持却是一种执念，无谓的坚持可能会让你走更多的弯路。坚持背着棉花的农夫，或许更为专一，或许更为执着，但是坚持的背后，是不愿意枉费之前的辛苦，是没有勇气逃离生活的惯性，做出新的抉择。

明智的坚持是执着，而无谓的坚持，却是固执、是执拗。如果目标是正确的，固然坚持就是胜利，然而如果目标是错误的，却仍旧不顾一切地奋力向前，则无疑是莽撞的，可能由此导致不良的后果，这或许比没有目标更为可怕。就像坚持背棉花的农夫，没有根据实际情况适时地调整目标，而是一味地做无谓的坚持，结果，不仅错失了拥有麻布和黄金的机会，最终连棉花都不得不放弃。成功者的秘诀是随时检视自己的选择是否有偏差，合理地调整目标，放弃无谓的坚持，只有如此，方能轻松地走向成功。

诺贝尔奖得主莱纳斯·波林曾经说过："一个好的研究者应该知道发挥哪些构想，而哪些构想应该丢弃，否则，会浪费很多时间在差劲的构想上。"确实如此，如果在错误的构想上盲目地坚持，最终只能走入死胡同，只有根据研究进展，灵活选择放弃或者坚持，方能有所建树。科研领域如此，其他领域亦然，审时度势，适时地放弃无谓的坚持，方能少走弯路，方为成功之道。

坚持而不轻言放弃，是良好的品德，但是，不必要的坚持，可能会让你走更多的弯路。

物极必反，要学会及时停止

我们都有这样的体会，有时候和一个人可以成为亲密无间的好朋友，当你们形影不离难舍难分时却会发现，友谊在不知不觉中反而少了最初那份贴心的情谊；还有一些恋人，觉得无时无刻不陪在对方身边就是爱，结果却发现爱人的心离自己越来越远了。

成功离不开执着，但是，很多人却因执着而失败。正如古人云："恩不可过，过施则不继，不继则怨生；情不可密，密交则难久，中断则有疏薄之嫌。"意思是施恩不可以过分，因为过分的施舍是不能永远持续下去的，一旦中断施舍就会有怨恨产生；交情不可以过于密切，因为密切的交往是很难保持永久不变的，一旦中断，就让人有了疏远冷淡的嫌疑。从中我们明白，任何事情都要讲究一个度，如何能做到中庸，实在是一门博大精深的学问。

有一次，孔子的弟子子贡在跟孔子谈论师兄弟们的性格及优劣时，忽然向孔子提了个问题："先生，子张与子夏两人哪一个更好些呢？"子张即颛孙师，子夏亦即卜商，两人都是孔子的得意弟子。孔子想了一会儿，说："子张过头了，子夏没有达到标准。"子贡接着说："是不是子张要好些呢？"

孔子说："过头了就像没有达到标准一样，都是没有掌握好分寸的表现。"

这就是"过犹不及"的出处。

有一回，孔子带领弟子们在鲁桓公的庙堂里参观，看到一个特别容易倾斜翻倒的器物。孔子围着它转了好几圈，左看看，右看看，还用手摸摸、转动转动，却始终拿不准它究竟是干什么用的。于是，就问守庙的人："这是什么器物？"守庙的人回答说："这大概是放在君主座位右边的器物。"

孔子恍然大悟，说："我听说过这种器物。它什么也不装时就倾斜，装物适中就端端正正的，装满了就翻倒。君王把它当成自己最好的警戒物，所以总放在座位旁边。"孔子忙回头对弟子说："把水倒进去，试验一下。"

子路忙去取了水，慢慢地往里倒。刚倒一点儿水，它还是倾斜的；倒了适量的水，它就正立；装满水，松开手后，它又翻了，多余的水都洒了出来。孔子慨叹说："哎呀！我明白了，哪有装满了却不倒的东西呢！"子路走上前去，说："请问先生，有保持满而不倒的办法吗？"孔子不慌不忙地说："聪明睿智，用愚笨来调节；功盖天下，用退让来调节；威猛无比，用怯弱来调节；富甲四海，用谦恭来调节。这就是损抑过分，达到适中状态的方法。"

子路听得连连点头，接着又刨根究底地问道："古时候的帝王除了在座位旁边放置这种器物警示自己外，还采取什么措施来防止自己的行为过火呢？"

孔子侃侃而谈道："上天生了老百姓又定下他们的国君，让他治理老百姓，不让他们失去天性。有了国君又为他设置辅佐，让辅佐的人教导、保护他，不让他做事过分。因此，天子有公，诸侯有卿，卿设置侧室之官，大夫有副手，士人有朋友，平民、工、商，乃至干杂役的皂隶、放牛马的牧童，都有亲近的人来相互辅佐。有功劳就奖赏，有错误就纠正，有患难就救援，有过失就更改。自天子以下，人各有父兄子弟，来观察、补救他的得失。太史记载史册，乐

师写作诗歌，乐工诵读箴谏，大夫规劝开导，士传话，平民提建议，商人在市场上议论，各种工匠呈献技艺。各种身份的人用不同的方式进行劝谏，从而使国君不至于骑在老百姓头上任意妄为，放纵他的邪恶。"

子路仍然穷追不舍地问："先生，您能不能举出个具体的君主来？"孔子回答道："好啊，卫武公就是个典型人物。他九十五岁时，还下令全国说：'从卿以下的各级官吏，只要是拿着国家的俸禄、正在官位上的，不要认为我昏庸老朽就丢开我不管，一定要不断地训诫、开导我。我乘车时，护卫在旁边的警卫人员应规劝我；我在朝堂上时，应让我看前代的典章制度；我伏案工作时，应设置座右铭来提醒我；我在寝宫休息时，左右侍从人员应告诫我；我处理政务时，应有瞽、史之类的人开导我；我闲居无事时，应让我听听百工的讽谏。'他时常用这些话来警策自己，使自己的言行不至于走极端。"

众弟子听罢，一个个面露喜悦之色。他们从孔子的话中明白了一个道理：在任何情况下，人们都要调节自己，使自己的一言一行合乎标准。

中庸，在孔子和整个儒家学派里，既是很高深的学问，又是很高深的修养。追求恰到好处、适可而止，这是做人处事的一种境界、一种哲学观念。

> 恩不可过，过施则不继，不继则怨生；情不可密，密交则难久，中断则有疏薄之嫌。

柠檬太酸，就做成柠檬水

像昆虫具有夜间趋光的特性一样，人都有趋利避害的本能。在遇到困难时，都会挖空心思想办法避免危害，并努力将害转为利，将负转为正。

今天的人早已习惯了电脑键盘上字母的排列方式，虽然起初你也觉得既难记忆又不顺手，但还是认为那是理所当然。当你深究其形成过程后，就会发现它的排序也许并不是最合理的，却在发明之初解决了很大的难题。

19世纪70年代，由于当时机械工艺不够完善，打字机的字键在击打后弹回速度较慢，打字员击键速度太快，就很容易发生两个字键绞在一起的现象，必须用手小心地把它们分开，从而严重影响了打字速度。肖尔斯公司作为当时最大的打字机生产厂家，时常收到客户的投诉。为了解决这个问题，工程师们伤透了脑筋，因为材料的局限，他们实在没有办法再增加字键的弹回速度了。

当大家都在为增加字键弹回速度绞尽脑汁时，有一位聪明的工程师提出了一条新思路：既然我们无法提高字键的弹回速度，为什么不想法降低打字员的击键速度呢？这无疑是当时条件下的一个好思路。在降低打字员击键速度的诸多方法中，最简单的是打乱26个字母的排列顺序，把常用的字母摆在较笨拙的手指下，使用概率低的字母反倒由最灵活的手指来负责。结果，我们常见的字母组合键盘诞生了，并且逐渐定型下来。

正是思路的一个小小的变通，既解决了字键缠绕的问题，又为企业摆脱了投诉的困扰。如果不能让字键弹回速度加快，为什么不让打字员击键速度减慢呢？有时，工作中遇到的困难会让我们很难向前迈进一步，但只要想一想，就可以想出将"坏"变"好"的方法。

美国有个商人叫威尔逊，专门经销香烟。几年来，他的商品几乎无人问津，一直亏本，濒临破产。他经过苦苦思索，决定改变经营方法。一天，他在商店门口挂了一张大幅广告，写着："请不要购买本店生产的卷烟，据估计，这种香烟的尼古丁、焦油含量比其他店的产品高。"另外还用红色大字标明"有人曾因吸了此烟而死亡"。这一别具一格的广告引起了电视台记者的注意，通过新闻节目，人们知道了这家商店，纷纷来参观和买烟。有的人专程从外地赶来买这种烟，说："买包抽抽，看看死不死人！"还有的人来买这种烟抽是想表示一下自己的男子汉气概。结果，这个店的生意日渐兴隆。

威尔逊的高明之处，就在于他利用了人们的一种"逆反心理"。企业经营，莫不如此。通常情况下，经营者越是宣传自己的商品的缺点，关注的人就会越多。聪明的经营者，也正是利用了消费者的这种心理，才不断使自己走出困境，进而大获利益。

看来，只要我们用心，就能从任何一件"坏事"中找到正面的因素，只要能够变通地思考、变通地行动，就能够达到趋利避害的目的。已故的西尔斯公司董事长亚当斯·罗克尔说："如果柠檬太酸，就做一杯柠檬水。"柠檬太酸，不能称为美味。但是，只需稍稍变通一下思路，把酸柠檬做成柠檬水，却可以使它比其他甘甜的果汁饮料都更有味道。

> 从不顺中找机会，只要能够变通地思考、变通地行动，就能够达到趋利避害的目的。

>>> 第六章
# 放下苛求，笑纳缺憾
——有种幸福叫饶过自己

对待自己，你同样应该宽宏大量。你应该压低内心"法官"的音量，对其说："我听到你说的了，你不需要再对我嚷嚷了。"如果你已尽最大努力做到最好，再多忧虑或担心也不会让你的最后成果更好的，所以一定要制止自己追求完美的冲动。适当放过自己，才能得到幸福。

幸福榜单上，第二名也是英雄

很多人都有这样的心理，如果是当官，就一定要做最高最大的官；如果是经商，就一定要赚最快最多的钱；如果是写书，就一定要写最伟大最动人的书……如果总是这样想的话，那么这个人恐怕会失望大于希望了。人生中，不论是哪一行的第一，都只有一个。如果你努力奋斗了，拼搏了，做个第二又何乐而不为呢？

1969年，第一个踏上月球的航天员阿姆斯特朗，因"这是我个人的一小步，却是全人类的一大步"这句话，而名留青史，成为全世界人民心目中的大英雄。

然而，当时登陆月球的，除了阿姆斯特朗之外，还有他的队友奥德伦。两人只有一步之差，结果却隔了千里之远，阿姆斯特朗以踏上月球的第一人闻名于世,奥德伦却默默无名,知道他的人可以说是寥寥无几。

在后来的庆功宴上,当人们为这一创举感到骄傲不已时,一名记者突然问奥德伦:"阿姆斯特朗先下了太空舱,成为登陆月球的第一人,成为大家心目中的大英雄,你会不会觉得有些遗憾?"

众人纷纷把目光投向了奥德伦,想要看他将做出怎样的回答。

听完记者的提问后,奥德伦神情自若,微微一笑答道:"各位,千万别忘了,回到地面的时候,我可是最先走出太空舱的,也就是说,我可是别的星球来到地球的第一人。"

奥德伦的话轻松化解了尴尬的场面,话音刚落,人群中便响起了一阵掌声,并且,这阵热烈的掌声持续了很久。

有一位思想家说过:"不要为自己所没有的东西感到苦恼,能享受自己现在所拥有的人,才是最聪明的。"法国哲学家孟德斯鸠也说过:"假如一个人只是希望幸福,这很容易达到。然而,我们总是希望比其他人幸福,这就是困难所在,因为一般人坚信其他人比自己幸福。"

拥有幸福是一件很简单的事,但懂得珍惜幸福,却一点儿也不简单。得不到的,不一定最好。对于豁达者而言,第二名同样幸福。其实做什么事情,都不一定要分出高下,拼个你死我活。生活,需要的是一种睿智,既要拿得起,还要放得下。

也许战争中需要分出输赢,但是生活中完全没有必要非要与人争个高下。在与人发生争执时,要懂得放下,其实第二名也可以洒脱。

> 如果一味追求最高点,一味与他人做比较,那么,就永远体会不到幸福与成功的喜悦。

放下别人的看法，活出自己的特色

活着应该是为充实自己，而不是为了迎合别人。没有自我的人，总是考虑别人的看法，这是在为别人而活着，所以活得很累。

有个人上进心很强，一心一意想升官发财，可是从年轻熬到年老，却还只是个基层办事员。这个人为此极不快乐，感觉自己活得很失败，每次想起来就掉泪，有一天竟然号啕大哭起来。

一位新同事刚来办公室工作，觉得很奇怪，便问他到底因为什么难过。他说："我怎么不难过？年轻的时候，我的上司爱好文学，我便学着作诗、学写文章，想不到刚觉得有点儿小成绩了，却又换了一位爱好科学的上司。我赶紧又改学数学、研究物理，不料上司嫌我学历太浅，不够老成，还是不重用我。后来换了现在这位上司，我自认文武兼备，人也老成了，谁知上司喜欢青年才俊，我眼看年龄渐高，就要被迫退休了，一事无成，怎么不难过？"

没有自我的生活是苦不堪言的，没有自我

的人生是索然无味的，丧失自我是悲哀的。要想拥有美好的生活，自己必须自强自立，拥有良好的生存能力。没有生存能力又缺乏自信的人，肯定没有自我。

有些人认为：老实巴交吧，会吃亏，被人轻视；表现出格吧，又引来责怪，遭受压制；甘愿瞎混吧，实在活得没劲；有所追求吧，每走一步都要加倍小心。家庭之间、同事之间、上下级之间、新老之间、男女之间……天晓得怎么会生出那么多是是非非。凡此种种飞短流长的议论和窃窃私语，可以说是无处不生、无孔不入。如果你的听觉和视觉尚未失灵，那你的大脑很快就会被塞满乱七八糟的东西，弄得你头昏眼花，心乱如麻，岂能不累呢？

我们无法改变别人的看法，能改变的仅是我们自己。想要讨好每个人是愚蠢的，也是没有必要的。与其把精力花在一味地去献媚别人，无时无刻地去顺从别人，还不如把主要精力放在踏踏实实做人，兢兢业业做事，刻苦学习上。改变别人的看法总是艰难的，改变自己总是容易的。

有时自己改变了，也可能改变别人的看法。若太在乎别人随意的评价，自己不努力自强，那么人生会苦海无边。别人公正的看法，应当作为我们的参考，以利修身养性；别人不公正的看法，不要把它放在心上，以免影响我们的心情。如此一来，我们就不会为别人的看法耿耿于怀，就能够按照自己的意愿去生活了。

　　一个人若失去自我，就没有做人的尊严，就不能获得别人的尊重。

放弃模仿，挖掘自我本色

一个人想做一套家具，就走到树林里砍倒一棵树，并动手把它锯成木板。这个人锯树的时候，把树干的一头搁在树墩上，自己骑在树干上；还往锯开的缝隙里打一个楔子，然后再锯，过了一会儿又把楔子拔出来，再打进一个新地方。

一只猴子坐在一棵树上看着他干的这一切，心想：原来伐木如此简单。这人干累了，躺下打盹时，猴子爬下来骑到树干上，模仿着人的动作锯起树来，锯起来很轻松，但是，当猴子要拔出楔子时，树一合拢，夹住了它的尾巴。猴子疼得尖声大叫，它极力挣扎，把人给吵醒了，最后被人用绳子捆了起来。

猴子不但没有成功地伐木，反而让自己落在了伐木人的手里。它没有看到自己的局限，更没有掌握自身的特点。与这只猴子一样，我们最大的局限在于短视，而短视则在于无法发现自己的优点。威廉·詹姆斯这样认为："跟我们应该做到的相比较，我们等于只做了一半。我们对于身心两方面的能力，只用了很小一部分，一般人大约只发展了10%的潜在能力。一个人等于只活在他体内有限空间中的一部分。他具有各种能力，却不知道怎样利用。"

那么，一般人是怎样做的呢？他习惯用与别人的对比来发现自己的优缺点，这固然是一种好方法，但往往受主观意识影响太大。他会很快地发现，自己在某方面与别人差距甚大，因此他会非常羡慕那个人。羡慕会导致无知的模仿，导致无谓的妒忌，或者受到激励般地向更高境界攀升，但最后一种情况毕竟所占比例甚小，而前面两种情况都容易导致自信心的丧失以及由此引发的忧郁。

每个人的能力都是有限的，就像人类有其体能的极限一样。如果想把别人的优点都集于一身，那是最荒谬、最愚蠢的想法。我们没有必要去模仿别人，只要能够做好我们自己，便是对自己尽到了最大的责任。

从道格拉斯·马罗区的诗中我们可以得到一些启发：

如果你不能成为山顶的一棵松，就做一棵小树，生长在山谷中，但必须是小溪边最好的一棵小树。

如果你不能成为一棵小树，就做一丛灌木。

如果你不能成为一丛灌木，就做一片绿地，让公路上也有几分欢娱。

世上的事情，多得做不完，工作有大的，也会有小的，该做的工作，就在你身边。如果你不能做一条公路，就做一条小径。如果你不能做太阳，就做一颗星星。不能凭大小来论断你的输赢，只要你努力做到最好。

模仿他人可能会失去自己，我们应该看到自己的优点，也应该接受自己的缺点，世界上本来就没有完美的人生。因此，我们不必戴着假面具去生活。道德上的过于自负及苛刻的自我要求都是内心世界的最大敌人。

> 我们没有必要去模仿别人，只要能够做好我们自己，便是对自己尽到了最大的责任。

放下完美情结，不完美的才是人生

"断臂维纳斯"一直被认为是迄今发现的希腊女性雕像中最美的一尊。美丽的椭圆形面庞、希腊式挺直的鼻梁、平坦的前额、丰满的下巴和平静的面容，无不带给人美的感受。

她那微微扭转的姿势，和谐而优美的螺旋形上升体态，富有音乐的韵律感，充满了巨大的魅力。

作品中女神的腿被富有表现力的衣褶覆盖，仅露出脚趾，显得厚重稳定，更衬托出了上身的秀美。她的表情和身姿是那样的端庄，像一座纪念碑；然而又是那样优美，流露出女性的柔美和妩媚。

令人惋惜的是，这么美丽的雕像居然没有双臂。于是，修复原作的双臂成了艺术家、历史学家最神秘也最感兴趣的课题。当时最典型的几种方案是：左手持苹果、搁在台座上，右手挽住下滑的腰布；双手拿着胜利花圈；右手捧鸽子，左手持苹果，并放在台座上让它啄食；右手抓住将要滑落的腰布，左手握着一束头发，正待入浴；与战神站在一起，右手握着他的右腕，左手搭在他的肩上……但是，只要有一种方案出现，就会有一种反驳的道理。最终得出的结论是，保持断臂反而是最完美的形象！

人生就像维纳斯的雕像一样，因为不圆满而变得富有深意。想要将每一种好处都占尽，到头来只会失去获得的快乐。面对已经有的进步，足以快慰，何必想着要拿个满分，毕竟一蹴而就的事情是经不起推敲的。

苛求完美是一种心理洁癖，容不得事物有半点儿瑕疵。实际上，世界上根本没有完美，正是有了缺憾，才使我们整个生命有了追求前进的动力，珍惜缺憾，它就是下一个完美。如果在学习或者专心做事的时候，有人打扰，你会感到格外愤怒；常常没有必要地对东西进行过多的检查，如检查门窗、开关、煤气、钱物、文件、表格、信件等；经常对自己或他人感到不满，因而经常挑剔自己或他人所做的任何事；不停地想某件事如果换另一种方式，也许更加理想；经常对自己的服装或居室布置感到不满意而时常变动它们。这些表现足以说明你是一个过于追求完美的人。

每一个人在内心都有一种追求完美的冲动，当一个人对于现实世界的残缺体会越深时，他对完美的追求就会越强烈。这种强烈的追求会使人充满理想，但这种强烈的追求一旦破灭，也会使人充满绝望。

这个世界上没有任何一件事物是十全十美的，它们或多或少皆有瑕疵，人类亦同。我们只能尽最大的能力去使它更完美一些。

生活中，有很多人忙忙碌碌一辈子，可是到最后却一事无成，究其原因就在于他们做事非要等到所有条件都具备时，才肯动手去做，然而所有的事情没有一件是绝对完美的。所以，这些人也只有在等待完美中耗尽他们永远无法完美的一生。在这个世界上，过分完美也是一件可怕的事物，如果你每做一件事都要求务必完美无缺，便会因心理负担的增加而不快乐。当一个人要求别人完美时，自身的缺点便显现无遗。

完美是一座心中的宝塔，你可以在心中向往它、塑造它、赞美它，但你切不可把它当成一种现实存在，因为这样只会使你陷入无法自拔的矛盾之中。一个人只有经受住失败的悲哀才能到达成功的巅峰，亡羊补牢，犹未为晚，不必为了一件事未做到尽善尽美的程度而自怨自艾。

没有"瑕疵"的事物是不存在的，盲目地追求一个虚幻的境界只能是劳而无功。我们不妨问一问："我们真的能做到尽善尽美吗？"既然不行，我们就应该尽快放弃这种想法。

> 凡事切勿过于苛求，如果采取一种务实的态度，你会活得更快乐！

人生不是演出，摘下虚伪面具

人无信则不立，这是千百年来永恒不变的做人之根本。古今中外的人无一不把守信看成一名君子必备的品质。为了实现许下的诺言，他们可以不惜一切代价，这就是人格魅力的展现。做人，无论在怎样的情况下，都应该真诚，不应当虚伪，这是每个人都明白的道理。

1998年11月9日，美国犹他州土尔市的一位小学校长，42岁的路克，在雪地里爬行1600米，历时3小时去上班，受到了路人和全校师生的热烈欢迎。原来，这学期初，为激励全校师生的读书热情，路克曾公开打赌：如果你们在11月9日前读书15万页，我将在9日那天爬行上班。

全校师生猛劲儿读书，连校办幼稚园的孩子也参加了这一活动，终于在11月9日前读完了15万页书。有的学生打电话给校长："你爬不爬？说话算不算数？"也有人劝他："你已达到激励学生读书的目的，不要爬了。"可路克坚定地说："一诺千金，我一定爬着上班。"11月9日，路克与每天一样，在早晨7点离开家门，所不同的是他没有驾车，而是四肢着地，爬行上班。为了安全和不影响交通，他没在公路上爬，而在路边的草地上爬。过往汽车向他鸣笛致敬，有的学生索性和校长一起爬，新闻单位也派人前来采访。

经过3个小时的爬行，路克磨破了5副手套，护膝也磨破了，但他终于到了学校，全校师生夹道欢迎自己敬爱的校长。当路克从地上站起来时，孩子们蜂拥而上，抱他，吻他。

可是我们生活中却有很多不尽如人意的现象存在。人生毕竟不是一场演出，不能仅用戴着面具的表演来搪塞。在与人交往时，应该以真面目示人，否则只能伤人又伤己。因此，虚伪者应注意自我调适，通常可以采用以下方法进行：

第一，遇事时，和朋友换位思考，推己及人，仁爱待人，就可能得出不同的结论，改变已有的不正确做法，这样就会多一分理解，少一分对立。关键靠自己的一份诚心，要让别人看到你的诚意。

第二，鼓励自己表达出真实的想法。如果自己的想法比较尖锐或者容易伤害别人，不妨用委婉的方式说出，如果不想说出来也不要勉强自己，可以保持沉默，但尽量不要欺骗他人，更不要为了取悦他人而说出虚假的赞美之词。

第三，建立成熟的自我观，拥有属于自己的对于世界和周围人的看法，不被他人的意见左右，也不屈从于他人的价值观。做人做事参照自己的标准，不屈己服人。

只有不断地清理自己的心灵，让自己的内心深处多一些真诚，少一些虚伪，才能成为一个真正大度的人。

> 人生毕竟不是一场演出，不能仅用戴着面具的表演来搪塞。

>>> 第七章
# 放下身段和面子
——地低成海，俯下身子更易成功

职场是人生大课堂，考验着一个人的品质与追求，磨炼着一个人的意志与决心，激励着人们前行，鼓舞着人们上进。这里也充满了智慧与挑战，充满了机遇与危险，如何在其中开创自己的一片天地，站稳脚跟，有一个原则，就是，姿态要放低。

抱着学习姿态，切勿好为人师

人之患在于好为人师，好为人师可能使自己获得片刻的满足感，却极易造成他人情绪上的抵触，为人们之间的关系埋下隐患，是人际交往中的大忌！

话说慈禧爱看京戏，常以小恩小惠赏赐艺人一点儿东西。有一回，她看完著名武生杨小楼的表演后将他召到跟前，指着满桌子的糕点对他说："这些点心赏赐给你，带回去吧！"

杨小楼叩头谢恩，但他提出了一个新的要求：要慈禧赐字给他。

慈禧当时兴致颇高，便让太监捧来笔墨纸砚，挥笔写了一个"福"字。

站在一旁的小王爷，看了慈禧写的字，悄悄地说："福字是'示'

字旁，不是'衣'字旁！"杨小楼仔细一瞧，慈禧的这个"福"字果然写错了，不指出来吧，恐有欺君之嫌；指出来吧，却又触犯了慈禧的自尊，伴君如伴虎，她一不高兴就可能会要了自己的小命。杨小楼思前想后，不得其所，一时急得冷汗直冒。

一旁的李莲英见状脑子一动，笑呵呵地说道："老佛爷之福，比世上任何人都要多出一'点'呀！"杨小楼一听，连忙叩首应和道："老佛爷福多，这万人之上之福，奴才怎么敢领受呢！"慈禧为下不了台而正欲发作，听大家这么一说，连忙顺水推舟，笑着说道："好吧，哀家隔天再赐你吧。"就这样，李莲英使二人摆脱了窘境，这桩因"好为人师"而惹出的祸端方才化险为夷。

在现实生活中，我们常常会发现他人的缺漏，进而往往有好为人师的冲动。在这些情况下，好为人师尽管不至于如同小王爷和杨小楼当时所处的境况那样情势危急，甚至危及性命，却同样能够带来许多不必要的麻烦，埋下大大小小的隐患，应当能避免就避免。

智者应当明了，与其"好为人师"招惹麻烦，不如"拜人为师"以助自己成长。要知道，好为人师的你在展现自己的同时，间接地否定了对方的智慧与能力，为他人所不喜，于自己所无补。即使对方来"请教"你，也应当再三斟酌，其间分寸的合理拿捏，值得仔细思忖。

> 如果总是好为人师，相当于间接地否定了对方的智慧与能力，为他人所不喜，于自己所无补。

输赢只是暂时，并非永远

古往今来，胜负乃兵家常事。一次成功并不等于一辈子的成功，一次失败也不意味着今生的失败，输赢只是暂时的，只有看淡成败才能最终取得胜利。商界名人胡雪岩就是这么一位不在乎输赢的大人物。

太平天国运动初期，胡雪岩听说京城里发行官票的消息。其实，消息并不是直接传到胡雪岩耳朵里的，而是与胡雪岩有一定交情的刘二爷在路上遇到了钱庄的刘庆生，当时刘庆生手里拿着两张从京城传出的新发行的银票，就叫刘二爷见识一下。刘二爷一看，心想：坏了，这肯定是朝廷为了凑军饷而想出来的一种敛财招数，如果钱庄应付不当，不仅会有损失，甚至会有灭顶之灾。

刘二爷拿了银票，赶紧与邻近的钱庄老板会合，去找胡雪岩商议。胡雪岩仔细看了一下银票，说："各位如此紧张，就是因为这件事如果应对不好，就可能给大家带来灾难。在我看来，各位都把成败看得太重了。我们一手创建这钱庄，虽然不容易，毕竟也是意外之财。咱们之中，开始的时候，谁曾有万贯家财？如果真的失败了，也不过是回到了原点，何必那么紧张呢？"看看众人都面色沉重，胡雪岩接着说："都说乱世出英雄。越是乱的时候，就越有机会。有其弊必有其利。如果各位都看不开成败，不敢放手一搏，那么也只能让赚钱的机会在我们眼皮子底下溜走了。"

刘二爷等人也是明白人，听了胡雪岩的这番话，觉得很有道理，自觉获益匪浅，于是，他进一步向胡雪岩请教其中的道理。胡雪岩就此提出了自己的看法。他觉得官府发行这种银票，无非是想凑齐了银子对付太平军。眼下,太平军只甘于守城,虽然战斗力很强,但是势头不盛。官军中有曾国藩、左宗棠二人带兵,自然不可小觑,再加上洋人的相助,官军必胜无疑。如果钱庄能够助官军一臂之力,那么等到胜利了,无论是做什么生意,朝廷都会一路放行的,哪还有不发财的道理?

众人觉得胡雪岩分析得很透彻,就委托他做代理,处理新银票发行的所有事宜。朝廷向钱庄发放银票的两天后,胡雪岩很快将官府所需的二十万两银子凑齐了。在兵荒马乱的时代里,钱庄能够出现如此支持朝廷政令的景象,让官员们很是吃惊,大家都对胡雪岩很佩服。自此,胡雪岩不仅在同行里得到敬重,在朝廷里也颇具影响力。

胡雪岩在事业发展的过程中并不是一帆风顺的。做什么事情都能一本万利,更不是他有十足的预测能力,能够洞悉一切事物的结果,而是他在做的时候能够看淡成败,不惧前方的困难险阻,只要认准了目标,就能勇敢地前行。

相比之下,很多人都把成败看得太重了,顾虑太多。有的人想换一个新环境工作,可是又害怕自己在新的工作中表现不好,业绩不如从前,所以一直没有行动;有的人得了很多奖,也得到了很多人的肯定,可是越是这样压力越大,因为害怕失败,害怕从万人瞩目的高位上掉下来……我们越是小心翼翼,越是可能被心中的担忧拖垮。不如看淡成败,放手一搏,尽管存在着风险,但是会抓住更多的机会,获得更大的发展。

一个人最重要的是要有富足之心,能够笑看输赢得失,这样的人拥有足够的信心实现梦想。那么,怎样才能不被成败困扰呢?在此,我们总结了一些方法:

1. 帮助他人而不求回报。笑看输赢的人愿意帮助他人,不求名、不求利、不求回报。他会在奉献的过程中实现自己内心的满足。

2. 不自怨自艾。笑看输赢者把损失看得很淡，他们不会怨恨别人和自己，而只是采取行动来挽回损失，做自己能力范围内的事。

3. 放弃"多多益善"的想法。只要你拥有"多多益善"的想法，认为物质生活"越多越好"，你就永远不会满足。

三百六十行，无论从事哪一个行业，总会有竞争，总会有成败。在事业中沉浮，在经验中成长，这才是一个成熟的人的人生轨迹。要知道输赢只是暂时的，重要的是从中汲取经验和智慧。

越是小心翼翼，越是可能被心中的担忧拖垮，不如看淡成败，放手一搏，人生没有永远的输赢。

自主创业，放下身份天地宽

有一位研究生，在校时成绩很好，大家都很看好他，认为他必将有一番了不起的成就。后来，他的确有了成就，但既不是高官也不是老总，而是卖米线卖出了成就。

原来他在毕业后不久，得知家乡的夜市有一个过桥米线的小店儿要转让，他那时还没找到工作，就向家人借钱，把它盘了下来。因为他对烹饪很有兴趣，便自己当老板，卖起米线来。他的研究生身份曾招来很多不以为然的眼光，却也为他招来不少生意。他自己倒从未对自己学非所用及高学低用产生过怀疑。

现在呢？他还在卖米线，但也搞投资，钱赚得比一般人不知多多少倍。"要放下身份，不要被面子左右。"这是那位同学的口头禅和座右铭，"放下身份，路会越走越宽"。

那位同学如果不去卖米线或许也会很有成就，但无论如何，他能放下研究生的身份，还是很令人佩服的。

人的"身份"是一种"自我认同"，并不是什么不好的事，但这种"自我认同"也是一种"自我限制"，也就是说："因为我是这种人，所以我不能去做那种事。"而自我认同越强的人，自我限制也越厉害。有的千金小姐不愿意和她的女同桌吃饭，博士不愿意当基层业务员，高级主管不愿意主动去找下级职员，知识分子不愿意去做"不用知识"的工作……他们认为，如果那样做，就有损其身份和面子。

其实这种对于"身份"的顾忌只会让人的路越走越窄。不是说有"身份"的人就不能有得意的人生，但我们相信，在非常时刻，如果还放不下身份，那么只会让自己无路可走。如果能放下身份，那么路就会越走越宽。

你如果想在社会上走出一条路来，就要放下身份，也就是：放下你的学历、放下你的家庭背景、放下你的身份和面子，让自己回归到一个普通人，甚至比普通人更为谦虚。

"放下身份"比放不下身份的人在竞争上多了几个优势：能放下"身份"的人，不为眼前的成绩所累，反而以归零的心态学习更多的知识、技巧，为下次成功打下坚实的基础；另外，能放下"身份"的人，明白身份乃身外之物的道理，他们会为了长远利益而做出一些舍弃，因此也就比别人早一步抓到好机会。

有这样一则故事：一个千金小姐随着婢女在饥荒中逃难，干粮吃尽后，婢女要小姐一起去乞讨，千金小姐说："我是小姐。"小姐不愿意去，结果可想而知。

如果你在追求成功，你就要放下你的身份，不管以前的你多么高大、多么辉煌，都应该努力使自己心态平静，从零开始准备，那样的话，你的路才会越走越宽。

> 如果任何时候都放不下自己的身份，那么只会让自己越来越无路可走。

小钱也是钱，小生意也不放过

做生意不要只盯着"大生意"，一心只想"赚大钱"，要知道做大生意是要以做好小生意为前提的。

许多温州人都是以生产牙签、打火机这些"小玩意儿"发财致富的,温州商人王麟权就是其中的一位。

几年前,王麟权离开了已被兼并的南山陶瓷厂。但在家待久了,心里的确有点儿烦。一天,坐便器堵了,排泄物怎么也下不去,急得他乱捅一气。

突然,王麟权来了灵感,他一头扎进了自己的小屋。一段时间之后,只有初中文化的王麟权竟然研制成功了专门用于厕所除垢、下水道疏通的化学制剂"洁厕精"与"塞通"。这属国内首创,还获得了技术专利。由于家住在2栋406室,他便为自己的产品申报的商标为2406。

王麟权向妻子拿了几万元钱,又招了6名工人,于是,一家像模像样的生产"洁厕精"和"塞通"的公司就算开张了。这类产品千家万户都离不了,却又很少有厂家关注,销路自然不成问题,甚至供不应求。"人家都说我是从厕所里淘出黄金的人。"王麟权每谈及此,总会得意地大笑。

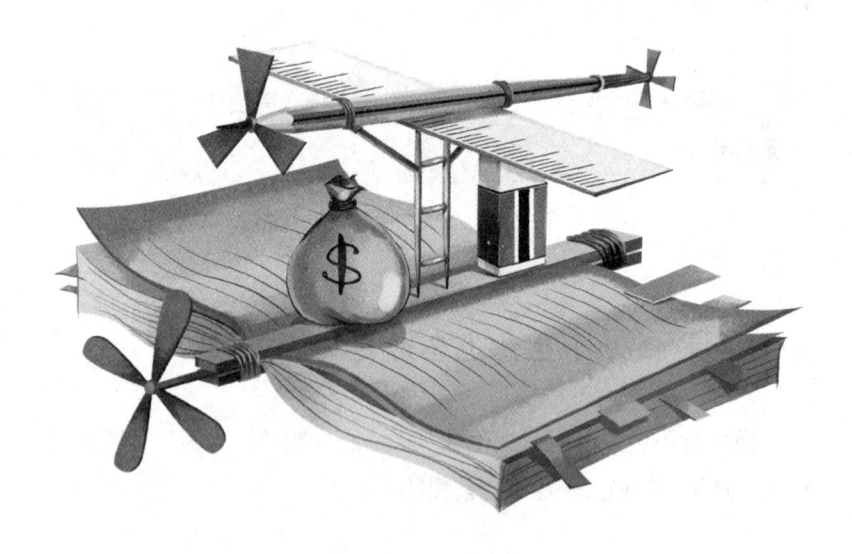

事实上，大部分温州商人经营的都是这样的"小商品"，看似不起眼，带来的利润却是惊人的。

在"农民城"温州龙港镇，偏处一隅的批发市场"中国礼品城"是中国最大的企业宣传礼品批发中心。光是青岛海尔每年3亿元的礼品采购，就至少有6000万元来自这里，"天一礼品"的一位缪姓经理满脸堆笑地说，"连四川的五粮液也是这里的采购大户，一年几百万的订单只是小意思。"笔、雨伞、打火机……温州和周边省份制造的各类礼品，印上各种企业的名称，先后出现在我们的周围。温州企业有"航母"，但更多的是"小舢板"。小商品却有大市场。

温州苍南县的一些印刷包装企业，专门为国内的白酒企业等制作包装盒，一年的销售额达到30多亿元。纽扣更为典型，温州的服装其实较少用本地产的纽扣，这些纽扣主要销往外地。按照各类纽扣的平均值算，每一麻袋纽扣的总数约为50万粒，利润仅为数千元，一粒纽扣获利最薄的以毫计。难以想象的是，这些不起眼的纽扣半年就能创造5亿多元的产值。

为了抓住客户，再小的生意也要"舍得"做，更何况，有些生意看起来小，可利润却很大呢！

> 小生意有时候藏着大机会、大财富，如果看准了时机和市场，就不要纠结于生意的大小，机会错过了，就没有了。

放下面子，创业没有门槛

自古以来，中国就是重农轻商的。古代的四大行业，所谓"士农工商，四民有业"，商业是排在最后的。司马迁作《史记》，将为商贾立传的《货殖列传》排到全书的最后，在司马迁的思想里，商贾的地位，连从事看相、算卦的都不如。

所以，有的人开始创业时，因为耻于与"商人"联系在一起，就掩饰地说自己做生意是为了创一番事业。但真正的商人毫不掩饰自己的目的，理直气壮地说是为了赚钱！威力打火机有限公司老板徐勇水面对"你创业成功的动力是什么"的提问时，他的回答是："就是为了赚钱，过上好日子。"

正是因为这类商人脸皮"厚"，才能赚到别人赚不到的钱。他们认为职业没有高低贵贱之分，加上他们敢为天下先的胆识，决定了他们敢四处闯荡，占据了外地人不屑一顾的那些领域，不声不响地富了起来。

当年在街上摆摊儿、依靠擦鞋度日的小擦鞋匠，如今已成为中国台湾地区制鞋业的领导品牌之一"阿瘦皮鞋"的创始人兼董事长，他就是罗水木。古稀之年的他笑着回忆："年轻时我长得瘦小，体重不到50千克，街坊都叫我'阿瘦'，既亲切又贴切。"

20世纪50年代还是一个很多人穿不起皮鞋的年代，擦鞋可谓"金字塔顶端的五星级服务"。但是在台北市延平北路二段"东云阁"大酒家楼下已形成了一条"人龙"，在"金融一条街"工作的上班族，正排队等候名声响亮的"阿瘦仔"擦鞋，尽管"阿瘦仔"擦一双鞋的价格比吃一顿正餐还贵。只见在"人龙"的最前端，身手利索的"阿瘦仔"拿着毛刷和擦布，飞快地给客人的皮鞋上油、擦亮、磨光，同样的程序毫不马虎地坚持3轮，才算大功告成。

"阿瘦仔"擦鞋摊儿附近，擦鞋摊儿、擦鞋店林立，但要想找到"擦3遍，亮3天"的擦鞋师傅，除了"阿瘦仔"，可说是"别无分号"，"擦鞋找阿瘦"的口号不胫而走。

"我绝对不会因为客人多，为了抢时间而减少一道工序。"罗水木骄傲地说，"客人的眼睛是雪亮的，即使能骗得了一时，客人也终究会发现。"从10岁起就辍学的他，头脑中有一种模糊的"品牌观念"——"阿瘦仔"的招牌，沾不得一点儿灰尘。

创业路上不乏艰难险阻，即使是擦皮鞋，罗水木也全心投入，终于获得了顾客的信任，他从台湾街头一个不起眼的小擦鞋摊儿干起，直到创立了年营业额超过30亿元新台币（约合6.2亿元人民币）的"龙头企业"。

在成功商人看来，面子不值几个钱，能赚大钱才算有面子，这是成功商人独特的"面子观"。在他们的观念中，如果你想在社会上走出一条路来，那么就要放下身份和面子，让自己回归到"普通人"。同时，也不要在乎别人的眼光和批评，做你认为值得做的事，走你认为值得走的路。

放下面子更易获得成功，因为舍弃面子的人，他的思考富有高度的弹性，不会有刻板的观念，而能吸收各种资讯，形成一个庞大而多样的资讯库，这将是他的本钱；舍弃面子的人能比别人早一步抓到好机会，也能比别人抓到更多的机会，因为他没有面子的顾虑。

俗话说：可怜之人必有可恨之处，对于那些宁愿吃低保而不愿努力打拼挣钱的人，成功商人是最瞧不起的。

你会说，成功商人当初不也一贫如洗吗？但他们能丢掉面子，顶着压力努力赚钱，所以成功商人能赚钱而且赚到了钱就在情理之中了。

职业没有高低贵贱之分，只有敢于"厚着脸皮"去创业，才能收获别人无法企及的成功。

创业就不能做"行动的矮子"

　　创业者都是行动家，因为行动能说明一切，行动能证明一切。很多人也有创业的冲动，却不能付诸行动，他们认为要把一切都算计好了，保证万无一失才能行动。的确，做任何事都会有风险，然而不做更有风险，等待还有机会风险。

　　还有很多人，认为创业需要等条件成熟了再去做，可是什么时候算是条件成熟呢？等有足够的资本，还是有足够的经验？要知道，机遇不会等你条件成熟了才来。倘若比尔·盖茨等自己条件成熟了才去创业，那他或许就只是电脑行业的三流角色。创业者要用自己的激情点燃事业，条件不成熟就创造条件促其成熟。没有行动的创业就只是白日做梦。

　　行动才能发现机遇，才能发现自己的构想与实践的距离，没有行动就无法检验你的想法，就无法寻找到发展的契机。我们处在多变的时代，机遇更应该在变动中追求，所谓以变制变就是这个道理。

　　那些创业大师们都是典型的冒险家，他们知道行动会带你发现神秘，找到解决问题的办法；他们也是坚定的叛逆者，他们毫不犹豫地选择过另一种生活，并努力用行动去证明。维珍公司的创始人理查德·布兰森就是这样一个人。

　　享誉世界的维珍公司拥有众多的商品和服务，涉及音乐、航空、服装、饮料、电脑游戏和金融服务等领域。维珍公司是一个商业神话奇迹，其创始人理查德·布兰森是一个伟大的行动者和冒险家，被誉为"全球品牌塑造大师"。

　　理查德·布兰森于1950年出生在英国的一个偏僻小镇，从小就接受英国传统教育,但天生叛逆的他无法忍受学校的教条禁锢,16岁那年就辍学归家。布兰森从小就梦想做一个成功商人,满脑子里充斥着天才构想和经商计划。

辍学后,布兰森如鱼得水,投入到商海之中。年仅16岁的布兰森兴办了一份名为《学生》的杂志,但效果并不理想。没多久,他突发奇想,要办一家邮购唱片公司。然而,当时的布兰森对流行音乐一知半解,对唱片市场更是一窍不通。他凭着自己的感觉和年少的无畏勇敢地行动,借助《学生》杂志的广告一举成功。理查德·布兰森一夜间声名鹊起,订购单如雪片般飞进他的口袋。

随着事业逐步成功,布兰森善于行动的能力发挥了重要作用。他每找一条创建新品牌的独特模式和商业运作都是一次冒险行为,这使得20多年后人们都知道他是这样一位特殊的行动家。不仅在商场上爱冒险,在生活中,布兰森也热爱冒险,他曾经横渡大西洋并打破世界纪录,还曾经乘坐热气球向死神挑战获得成功。

布兰森相信行动而不相信任何商业教科书,甚至向教科书发起挑战。例如,哈佛商学院的必修课程将航空业、可乐市场和英国的金融服务市场划入竞争最为激烈、最不容易涉入的市场,但布兰森却能轻而易举地进入这些市场,而且搞得有声有色。

他在航空业是呼风唤雨的人物,也曾经将可乐巨人打得一败涂地,所有这些都可称得上是成功的范例。但他的这些成功,却是以敢想敢做为基础的。通过这些行动,理查德·布兰森将自己推进了《福布斯》杂志全球富翁排行榜,使自己成为英国民众崇拜的偶像。如今,理查德·布兰森拥有200家公司组成的商业网,他是一系列国际顶尖品牌的创始者和经营者。他个人的财富已超过30亿美元,而维珍集团的财富更是无法统计。

布兰森把他的成功归结为"抓住了机会",然而有几个人能像他一样抓住那么多机会呢？当他有一个个天才的构想时，他都能毫不犹豫地实施，并不以自己是某个行业的门外汉而却步，而是坚定地朝着自己认定的目标前进。我们难道缺少想法吗？不！我们周围有很多人很有想法，但很少有人能真正去实现自己的想法，我们缺少冒险的勇气和实现目标的动力。

创业者要提高自己的行动力，不要害怕行动会带来失败，失败了可以重新再来。失败只能证明某一种想法不合时宜，但还有无数个想法等待我们去努力，为什么我们要沉浸在失败的阴影中呢？

我们总是很佩服创业者的勇敢，却很少注意到他们善于抓住机会并迅速行动的能力。很多事，做与不做存在着质的差别，仅仅有想法，绝不是一个真正的创业者。

创业家们，别再等了，现在就动手做吧！你可以用各种方式告诉全世界，你的想法有多么超前，但你必须通过行动，让别人知道你的想法。行动就从现在开始，这是最好的自我激励器，因为你将马上脱离拖延的坏习惯，而要迈向成功了。

等到万无一失其实是给懒惰找借口，机遇不会等你条件成熟了才来。

学习温商生意经：吃大苦发大财

"能做别人不愿做的事，能吃别人不能吃的苦，就能挣到别人挣不到的钱"，这是温商赚钱的经验之谈。

温州地处中国东南一隅，历史上是贫苦、边远、相对封闭的地方。加之温州一带三面环山，一面是水，交通相当不便，即使到邻近市县也要翻山越岭。这种不利的地理环境造成了温州与世隔绝的状况。但天性不屈服于现状的温商为了突破这种封闭、贫困的生存环境，都具备一种吃苦耐劳、坚忍不拔的精神。

早在《隋书·地理志》中就有这样的记载："永嘉县，妇人勤于纺织，有夜浣纱而旦成布者，俗谓之'鸡鸣布'。"清朝陆进在《东瓯掌录》中记载得更加具体形象："东瓯一带，妇女勤纺织，寒暑昼夜之间，虽高门巨室，始龀之女，垂白之妪皆然。"她们夏织苎，冬纺棉，昼夜之间，不仅自己织布做衣，还把织成的布拿到市场上出售。这种勤劳刻苦的精神，同样也反映在农业、渔业、手工业等其他社会领域。

宋代温州知事真德秀，曾记载温州农民"勤于耕畲，土熟如酥；勤于耘耔，草根尽死；勤修沟塍，蓄水必盈；勤于粪壤，苗稼倍长"。

明万历版《温州府志》有这样的一段记载："温壤多泥涂，土性浇薄，民以勤力胜之。"

今天的温州创造了一个又一个的经济奇迹，备受世人瞩目，正是得益于温商这种勤劳吃苦的传统精神。

有人说，小老板靠勤奋吃苦赚钱，中老板靠经营管理赚钱，大老板靠投资决策赚钱。"白天当老板，晚上睡地板"，就是温商早期创业的真实写照。正是靠这种精神，他们才能在缺乏资源的情况下迅速将企业的规模做强做大。

生于浙江温州的王绍基，曾先后在杭州音乐学院和上海音乐学院专攻指挥和管弦乐器。1985年，他在一个朋友的帮助下到马德里谋生。初到西班牙，身上只有20美元的王绍基做过中餐馆洗碗工、跑堂，还到邻国葡萄牙跑过小买卖。他在一家小小的成衣加工厂里做熨衣工，度过了一生中最困难的时期。

拥挤的车间非常简陋，他白天在这里做工，晚上也在这里睡觉，没有床，就睡在从马路边捡来的破床垫上。马德里的夏天非常炎热，通风不良的车间气温有时达40摄氏度以上。熨衣工手握滚烫的熨斗，更是热得难以忍受。王绍基负责熨烫裤子，半分钟必须熨烫好一条裤子，这在常人看来，的确是个又苦又累又紧张的工作。但王绍基坚持下来了，而且时常抽空到当地中国人办的西班牙语学校学习。

在西班牙，语言不通几乎是所有华人都遇到过的一个难题。不懂当地语言，很难有什么发展。西班牙语用途很广，却非常难学。西班牙人说话语速极快，不懂西班牙语的人不经过多年的苦学是听不懂也说不出的。经过苦学苦练，王绍基逐步掌握了西班牙语，为以后的发展打下了必要的基础。

20世纪90年代初，经过几年的苦心经营，王绍基创办的公司已经成为西班牙进口中国商品的主要合作伙伴，而且从2003年起，王绍基又将经商的触角伸展到新闻媒体方面，创办了一家中文报纸《欧华报》，这使他的事业有了更大发展，人生也更加辉煌。

王绍基信奉的人生哲学就是孟子的那句话："天将降大任于斯人也，必先苦其心智，劳其筋骨……"任何一位成功的商人都清楚，能吃苦只能算是入门的"必修课"，没有吃苦的精神，在生意场上终将一事无成。

能做别人不愿做的事，能吃别人不能吃的苦，就能挣到别人挣不到的钱。

职场女性，学会"鸵鸟姿态"

每当鸵鸟遇到危险时，它就把头埋进沙里，以为只要自己什么也不看，就能够化险为夷，太平无事，颇有些掩耳盗铃的味道。人们将此称之为"鸵鸟姿态"，用以讽喻那些不敢正视现实，只会自欺欺人，逃避困境的人们。然而如今，"鸵鸟姿态"却成为职场女性的必胜法宝。它不是怯懦，而是低调；不是逃避，而是淡定；不是自欺欺人，而是虚怀若谷。"鸵鸟姿态"，业已成为职场女性的必修课。

现如今，很多人的工作状况糟糕得一塌糊涂，却也想维持一种颇有格调的小资生活，甚至是贵族生活，这只能使他们的经济情况越来越糟糕，甚至万劫不复。拥有较高的精神境界固然好，对生活品质的追求却应当建立在现实的经济基础之上。每个人在踏入社会之后，都应当认清自己，降低姿态，实事求是地权衡自己的经济条件，切莫一味地攀比，盲目地拔高。聪明人都知道，姿态太高，只能使自己跌得更惨，只有将自己放在最低处，才能拥有最大的向上的势能。也就是说，应当秉持"鸵鸟姿态"。

有一家公司，老板是个广东人，对下属非常严厉，从不给笑脸。他是个说一不二的人，该给你多少工资、奖金，不会少你一分，下属都拼命地工作。公司有个规定，不准相互打听谁得多少奖金，否则"请你走好"。虽然很不习惯，员工们还是一直遵守着。有一个月，大家都发现自己的奖金少了很多，开始不说，但情绪总会流露出来，渐渐地，大家都心照不宣了。

一天中午，吃工作餐的时候，见老板不在公司，有人就摔盆碰碗发脾气，很快得到众人的响应，一时抱怨声盈室。有一个到公司不久的中年妇女，一直安安静静地吃饭，与热热闹闹的抱怨极不相称，因而引起了大家的注意。人们问她，难道你没有发现你的奖金被老板无端扣掉一部分吗？她显得有些吃惊，整个餐厅一下子安静下来，大家都一脸疑惑，在心里揣摩，人人都被扣了，为何她得以逃脱？

不久，她被提升了，他们又嫉妒又羡慕，她的工资高出很多，还有奖金。很久以后，大家才知道她是被扣得最多的一个。后来，她描述起了当时的心情：这个月我一定做得不好，所以才只配拿这份较少的奖金,下个月一定努力。为何其他人却没有这样的想法呢?她是这样分析的,那时她工作近二十年的工厂亏损得很厉害,常常发不出工资,她实在没办法,因为家庭负担太重,上有生病的老人,下有读书的孩子,还有因车祸落下残疾的丈夫,于是就出来打工了,收入比以前的工资要高出一些,这让她喜出望外,非常珍惜这份工作,甚至感激老板给自己提供了这份工作。

后来,许多人离开了那家公司,跳了几次槽,但都没有得到一份满意的工作。但是,她一直固守在那儿,当上了经理助理,成了标准的白领丽人。谁能想到几年前,她不过是人到中年的下岗女工呢?

这位女工或许没有过人的才华,或许没有非凡的眼界,促使她取得成功的,便是这种"鸵鸟姿态"。在职场上,她不浮躁、不冒进、不高调、不抱怨,而是切切实实地完成好自己的工作,平实而又准确地衡量自己的人生。在当下,许多人恰恰缺乏这种心态,人们总是追求较高的起点,追求高格调的生活,却不懂得自我审视,不明白谦卑才是最有力的武器,不知道一切都应当建立在现实的基础上。

其实,只要拥有"鸵鸟姿态",便不会经受不甘平庸的内心的困扰,便不会惧怕人生的低谷。拥有一颗平实、谦和的心,你便拥有了虚怀若谷,蓄势待发的前进姿态。

> 对生活品质的追求应当建立在现实的经济基础之上。

尊重上司，你才能成为事业舞台上的主角

只有尊重上司、谦虚守礼、尽心尽力，才能得到领导的看重、关心和爱护，上下级关系才能做到良性互动，才能更为融洽和谐。

南齐的王僧虔楷书造诣极深，许多官宦人家都以悬挂他的墨宝为荣，一时之间，流传着一种说法：王僧虔楷书不输王羲之，乃当今天下第一！

当朝皇帝齐太祖萧道成素来爱好书法，对僧虔的盛名一向很不服气，于是下旨传僧虔入宫"比试"。在大臣、随从的簇拥下，君臣二人屏息凝气，饱蘸浓墨，各自挥毫写下一幅楷书。搁笔之际，齐太祖头一扬，双目紧紧盯住王僧虔，问道："你说我们两人，谁第一，谁第二？"

王僧虔额头冒出了冷汗，皇帝的书法虽有一定功力，但毕竟称不上炉火纯青。可是这位自负的皇帝又怎会甘心位居人后？昧着良心说谎，承认皇上技高一筹，固然不会得罪人，但这样的事王僧虔根本不屑去做。

王僧虔沉吟片刻，突然朗声长笑："臣心中已有分晓。臣的书法，大臣中排名第一；而皇上的书法，绝对是皇帝中的第一！"

齐太祖闻言，先是一怔，继而很快理解了王僧虔的良苦用心，他为皇帝留足了面子，同时又不失自己的气节。齐太祖不由得哈哈大笑，王僧虔也松了口气。

尊重上司才能得到上司的尊重，才能够增进你与上司之间的感情，从而化解矛盾冲突，使你赢得上司的好感，美化你在其心中的形象。尊重上司才能得到上司的尊重。出于对齐太祖足够的尊重，

王僧虔才会在众目睽睽之下保全天子的威风，而不是傲慢地指出皇帝不如自己。

一般而言，上司在方方面面都应比下属高出一个档次，如工作经验丰富，有较强的组织、管理能力，看问题有全局观念等，也有一些上司具备一些个性方面的优点，如性格直爽、办事果断、工作细心等，这些都值得下属尊重和学习。但毕竟人无完人，上司也是人，一样会有缺点，会犯错误，这是无法避免的，在这种时候，有些下属就会觉得上司水平太低，表面服从，心里却缺乏尊重，甚至顶撞、抢白上司，时时处处表现出自己高出上司一等。

缺乏对上司最起码的尊重，会使你与上司的关系严重恶化；何况，不尊重他人本身就是缺乏修养的表现，更会导致同事的轻蔑和不满，这样的人在一个集体中是最不受欢迎的。

当然，尊重不是讨好、献媚，奉承会让上司放松自律之念，滋生骄傲情绪，也会让整个集体弥漫着一股不正之风。当上司有这样或那样的不足时，要掌握分寸，巧妙地提醒、善意地规劝。做一个好的下属，对上司应该是敬而不谀。

尊重上司才能得到上司的尊重，才能够增进你与上司之间的感情，成功化解矛盾冲突，将工作做得更好。

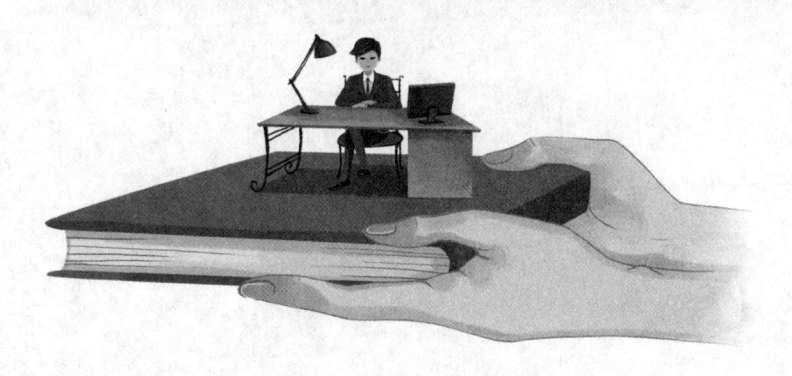

>>> 第八章
# 放手错爱,幸福花开
——去找你的下一个碧海青天

情感如同细沙,如果想要拥有的更多,需要做的并不是紧紧握住,力度越大,越想握牢,反而越容易失去。不能拥有的遗憾让我们更感缱绻,夜半无眠的思念让我们更觉留恋。感情是一份没有答案的问卷,苦苦地追寻并不能让生活更圆满。也许一点儿遗憾、一丝伤感,会让这份答卷更隽永,也更久远。

相爱就是给彼此自由

神对男人和女人说:"你们要共进早餐,但不要在同一碗中分享;你们要共享欢乐,但不要在同一杯中啜饮。像一把琴上的两根弦,你们是分开的也是分不开的;像一座神殿的两根柱子,你们是独立的也是不能独立的。"

在婚姻中两个人的关系是有韧性的,拉得开,但又扯不断。谁也不束缚谁,到头来仍然是谁也离不开谁,这才是和谐的婚姻。

夫妻之间产生争执的主要原因是他们把婚姻当成一把雕刻刀,时时刻刻都想用这把刀按照自己的要求去雕塑对方。为了达到这个理想,在婚姻生活中,当然就希望甚至迫使对方改变以往的习惯和言行，以符合自己心中的理想形象。但是有谁愿意被雕塑成一个失去自我的人呢？于是"个性不合、志向不同"就成了雕刻刀下的"成品"，离婚就成了唯一的一条路。

每个人本身都是"艺术品"，而不是"半成品"，人人都企望被欣赏，而不愿意被雕塑。所以，不要把婚姻当成一把雕刻刀，只想着把对方雕塑成什么模样；婚姻是一种艺术眼光，要懂得从什么角度欣赏对方，而不是去束缚对方，彼此之间的空间太小了，谁都会感到不安。

在现实的婚姻当中，如果男人和女人想互相扶助，就必须保留各自的个性。

完全依附于丈夫的妻子并不是好妻子，就像为了取悦妻子而改变自己的丈夫不是好丈夫一样，要知道，夫妻二人真诚相爱却兴趣不同是完全可能的。所以，谁也不能把对方纳入自己的视线中，要求对方想己所想，做己所做。

丈夫和妻子毕竟是两个不同的角色，他们有共同之处，但他们是两个人而不是一个人，只有保持各自的个性，才能过上美满的生活。

婚姻由两个不同的个体组成，他们必须和谐地生活在一起，为对方的生活添加幸福与快乐。婚姻生活应该是二重奏，而不是独奏。

婚姻生活需要技巧，需要经营，给彼此留一个自由的空间，婚姻的容量就会加大。婚姻需要的是两个人的互补，而不是完全的相同，时时刻刻以自己的要求去捆绑对方，婚姻就不再是一种和谐，而是一种重负。给另一半一个心灵的空间，你会发现你们之间不是走得更远了，而是更近了，不要去要求你们思想、行动上的绝对分不开，而要学会在分开中实现分不开。弦绷得太紧，总有一天会断

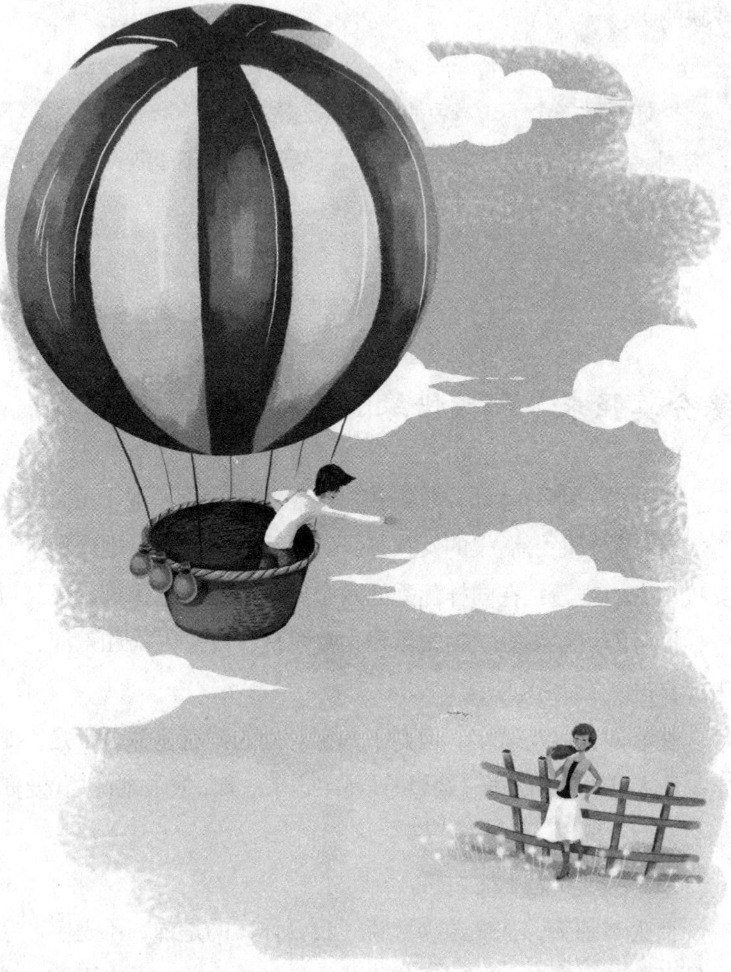

掉，更何况你们本来就是两根不同的弦，给对方一个自己发声的空间，不仅是出于对对方的尊重，还是婚姻中的一种境界，一种不可或缺的美。

> 你要做一个不动声色的人。不准情绪化，不准偷偷想念，不准回头看。去过自己另外的生活。你要听话，不是所有的鱼都会生活在同一片海里。

缘分莫强求，聚散惜缘随缘

缘分是一种可遇而不可求的东西，其珍贵程度不亚于黄金珠宝。

有一位美丽、温柔的女孩，身边不乏追求者，但她遇到了漂亮女孩常有的难题：在同样优秀的两个男孩中应该选择谁。锋长得帅气，很开朗、很幽默。宇也不错，很善良，只是内向和羞涩，不善表现自己。

在心底，她喜欢宇。但她不知宇对她的爱有多深，于是，她决定等情人节再做出选择。她想：要是宇送来玫瑰，或跟她说"我爱你"，那么，她就选宇。

但是，现实总不能如愿。

情人节那天，送来玫瑰并说"我爱你"的是锋，不是宇。宇只给她送来一只鹦鹉。一直深信缘分的她颇感失望。女友来访，她随手就将那只鹦鹉给了女友。她说，是缘分叫她选择锋。

几个月后，女孩偶遇女友，女友啧啧地说，那只鹦鹉笨死了，一天到晚只会说"我爱你、我爱你"，吵死了！女友说得轻描淡写，于她却像是一个晴天霹雳……那可是宇送给她的呀!

情海中,缘分来来去去,更只在一念之间:有心,即有缘;无意,即无缘。人们常说,机会靠人创造。所谓缘分,何尝不如此?

有时候,缘,如同诗人席慕蓉笔下的《一棵开花的树》那样令人心痛,不可捉摸:

如何,让你遇见我?

在我最美丽的时刻。

为这——

我已在佛前求了五百年,

求佛让我们结一段尘缘。

佛于是把我化作一棵树,

长在你必经的路旁。

阳光下,

慎重地开满了花,

朵朵都是我前世的盼望!

当你走近,

请你细听,

那颤抖的叶,

是我等待的热情!

而当你终于无视地走过,

在你身后落了一地的……

朋友啊!

那不是花瓣,

那是我凋零的心。

人生之中,你孜孜以求的缘,或许终其一生也得不到,而你不曾期待的缘反而会不期而至。古语云:"有缘千里来相会,无缘对

面不相识。"所谓缘分就是让呼吸者与被呼吸者，爱者与被爱者在阳光、空气和水之中不期而遇。有缘分的人是幸福的，没缘分的人则是无奈的。

"十年修得同船渡，百年修得共枕眠"。人世间有多少人能有缘从相许走进相爱，从相爱走完相守，走过酸甜苦辣、五味俱全的漫漫一生呢？红尘看破了不过是沉浮；生命看破了不过是无常；爱情看破了不过是聚散罢了。而在聚散离合之间，又充盈了多少悲欢交集的缘分啊！

爱情讲究缘分，但缘分在于把握和珍惜。真正惜缘的人会认为它是来之不易的，是上天给予的恩赐，从而倍加呵护。

所谓缘分就是让呼吸者与被呼吸者，爱者与被爱者在阳光、空气和水之中不期而遇。

放开他并不等于失去他

生活并不是一帆风顺的，很多时候我们需要学会放手。放手不代表对生活的失职，它也是人生中的契机。

常常听结了婚的人谈起自己婚后生活的不顺心。"婚姻是爱情的坟墓"，许多人都觉得这是一句至理名言。为什么两个人都极为珍视的结合最后会成为感情的障碍？为什么为了更好地拥有对方而结婚，却使两人离得越来越远？看完下面的这篇文章，也许会对我们有所启示。

记得多年前，我们刚结婚，我丈夫仅仅是一个普通的职员，腰间仅有一台寻呼机。那时候，为了拼出一个好的前程，他忙得经常顾不上回家，而我，每天一到下班时间就打寻呼要他回来，生怕他在外面学坏了。久而久之，他的同事都笑称他带的是一台"寻夫机"，弄得他很尴尬，回到家就冲我发火："整天呼我，你烦不烦啊？"

一听这话，我的委屈如潮水一般涌上来：因为关心你、爱你、害怕失去你，才这样频频保持与你的联系，可你却丝毫不领情……久而久之，我们的感情便日渐疏远。

后来，一篇文章改变了我对他的看法和做法——《放开他，并不等于失去他》，好奇心促使我读下去。有一个女孩，她很爱自己的恋人，和我一样，生怕失去对方，因此就无时无刻不监视着他，弄得他心烦意乱，提出要和她分手，这使她很伤心。她母亲是一个很有哲学家气质的人，听女儿诉说了自己的烦恼后，带她到了海边，捧起一捧沙子对女儿说："孩子，你看，我轻轻地捧着它们，它们会漏掉吗？"女儿看了一会儿，一粒沙子也没有从母亲手中滑落，就摇了摇头。接着，母亲说："我再用力抓紧它们，你看会漏掉吗？"说完，就用力去握沙子，奇怪的是，她握得越紧，沙子从指缝里漏得越多、越快，不一会儿，沙子从母亲的手中漏光了。这时，女儿忽然明白了：爱情和沙子一样，握得越紧，就越容易失去。

读到这里，我的心头豁然一亮：是啊，为什么一定要像握沙子一样握紧他呢？作为男人，他有自己的事业，有自己的天空，为什么不放开他，给他一定的自由呢？

从此，我改变了很多，不再老是追根究底地查他的去向，他对我的态度也因此有了明显改善。

后来，他说："我不得不告诉你，你感动了我。本来，我是打算与你离婚的，因为以前的你使我无法忍受。每天我回来这么晚，就是为了激你发火，让你和我大吵大闹，这样，我就可以狠心离开你。

可现在的你让我再也离不开了。"望着他沉痛忏悔的表情，我忽然明白：放开他，但我没有失去他。

生活就是如此，婚后的夫妻相处更是一门学问。有时候将对方抓得太紧就表示你不信任对方，当他感受到这一点后就会想从你的手中挣脱，这样的婚姻怎么会幸福呢？然而当你表现得对他信任感十足时，你的"放手"才能更牢靠地将他抓住。

> 爱情和沙子一样，握得越紧，就越容易失去。给爱一点儿空间，爱才能走得久远。

给爱一条生路，也给彼此一条生路

24 岁的张华和男友经历了 5 年的恋爱长跑，其间，有过无数次的争争吵吵、分分合合，可最后两个人还是在一起了。就在两个人快要结婚的前一个月，因为生活习惯的问题再次暴发了激烈的争吵。

以前数次的争吵总是过不了多久就会重归于好，可这次，张华已经对这种周而复始的争吵厌倦了。两个人都属于个性极强、急性子的人，以后遇到矛盾谁能一直忍让呢？难道结婚以后也一直这么

吵下去吗?

她想起过去买的一双鞋子,很漂亮,像一双精致的工艺品,就是因为太喜欢那双鞋子了,当初试穿时虽然左脚有些挤脚,可店里又没有第二双了,她还是买了下来,以为多穿穿就会适应了。

没想到过了很久,还是不合脚。每次穿着它出门都得忍受疼痛,回到家左脚的脚趾都会红肿。后来这双鞋只好一直放在鞋柜里,每次换鞋时看到它,都会遗憾地摩挲一下它精致的鞋面。

张华现在看到她的男友,就会想起那双鞋子。当初在一起时,只是出于爱慕,但并不了解男友是否适合她。当她发现两个人彼此不合适的时候,在一起已经太久了,谁也不忍轻易放弃,维系两人关系的其实只是一种不舍的心情。

漫长的5年并没有使两个人和谐相处,而依恋却很深。就这样两人走进了一个死胡同,只要两个人在一起,就不免摩擦得血迹斑斑,然而时间越长,就越不舍,于是两个人在伤口愈合后,又开始彼此之间新的伤害。

可惜无论在一起多久,不合适的终究不合适,就像那双鞋子,多穿一次,并不能让它更合脚一些,而只是让自己多经受一次痛苦。所以当你发现自己喜欢的鞋子并不合脚的时候,应该果断地把它丢弃。

选择恋人如同选择鞋子,只有合脚的才是最好的。不要忘记,爱也是可以选择的。如果想要拥有一份真正的爱情,也需要我们像买东西一样精心挑选。如若出现了什么问题,我们一样也要退换,不要在抱怨声中滞留。

爱情也是会出现质量问题的。毕竟爱情是两个人的事情,彼此个性的不同会使爱情中产生很多问题。爱情的保质期究竟有多长,判断爱情消逝的标准又是什么,很多人都在研究。

当你的另一半已经品行不端，或者三心二意、对你冷漠的时候，很显然，你们的爱情已经出现了问题。如果可以补救，那固然很好，可是有时爱情已经变质到无法挽回，这时硬在一起也没有好结果，甚至容易因爱生恨。那么我们为什么不去做新的选择，放爱一条生路呢？

　　人生变化难测，更何况是不能用理性评判的爱情呢？不知你有没有想过，明知爱已经不在，可就是不肯放手，原因是什么呢？"我就是要死拽着他，死也要拖死他！"当你说这句话的时候，很显然，不仅仅是他已经不爱你了，你对他也已经没有爱了。不放手的原因就是不甘心，不正确的自尊让你变得糊涂，让你执拗地牵着对方去继续已经没有结果的事情。筋疲力尽的牵甚至可能让你变得疯狂，做出一些过激的事情，从而使自尊丧失，甚至想回头都悔之晚矣。早知如此，何不及时放手做出新的选择。

　　在爱情上不要犯傻，要时刻警醒自己，爱也是可以选择的。在放手的同时，也是给予了自己一次新的选择的机会。给爱一条生路，也是给自己一条生路。

> 洒脱地爱，洒脱地放手，才能拥有真正的爱情。

放手错误的爱，留下淡淡余香

　　她是一个美丽、温柔的女孩，却曾为一个男人自杀。

　　他提出分手，她在电话里跟他吵架，要他回到她身边。

　　他说："很多事是不能勉强的。"

于是，女孩愤然割开了自己的手腕。

女孩没有死，他也没有回到她身边。

她说她不后悔，她说那个时候的她的确可以为他死，不过，现在她不会那么做了。

不错，你问问那些为男人轻生的女人，她们的动机是出于爱吗？还是她们不能忍受被对方抛弃？

一个女人因为一个男人的离开而自寻短见，只有一个原因，就是除了他以外，她一无所有。一无所有的人，才会觉得活着没有意思。寻死，不过是惩罚对方的一种手段，毫不足惜，那并不是为情自杀，而是为惩罚别人而自杀。

勉强的爱情不会幸福，为对方的离去而制造悲剧的人也并非缘于真爱。爱，需要豁达，实在抓不住爱，就轻轻放手吧。生活是多姿多彩的，爱情只不过是人生旅途上的一个里程碑。当你面临失恋的痛苦时，不必悲伤，身边还有更多美好的东西，可以医治失恋的创伤，冲洗掉一切烦恼、痛苦、惆怅、失意的情绪。

恩格斯在21岁那年曾失恋过一次。他在自己的日记中写道："还有什么比失恋更高尚和更崇高的痛苦——爱情的痛苦更有权利向美丽的大自然倾诉！"他果然去向大自然倾诉了，他越过了阿尔卑斯山，又到了意大利，很快在大自然的怀抱中医治了心灵的创伤，达到了心理的平衡。普希金在失恋后也远走高加索，在硝烟弥漫中冲洗掉失恋的惆怅。试想，一个经过生命与死亡痛苦挣扎的人，还会怕其他痛苦吗？有什么痛苦能比死亡更痛苦？相比之下，失恋的痛苦只不过是像被蚂蚁叮过一样，只是有点儿微痛而已。

文学巨匠歌德才华出众，他一生经历了十几次恋爱，每次他都全心地投入，把自己全部的热情奉献给对方，但一次又一次都未取回感情的"投资"。当他意识到爱情已面临破灭的边缘，有可能给对方带来灾难时，他立即从对方身边离开，不给对方带来痛苦，也及时地挽救了自己。

23岁那年，歌德又深深地爱上了一个叫夏绿蒂的少女，哪知她已经有了未婚夫，他又一次遭受沉重的打击，只好默默地离去，这已经是他的第5次失恋了。为此他痛苦至极，把一把匕首放在枕头底下，几次想到自杀。后来，他把全部的精力投身到文学创作中去，以工作热情补偿了感情上的失落，以事业的成功补偿了失恋的痛苦，也及时地挽救了自己。

失恋并不意味着永远失去幸福，失去感情生活。感情满足的方式也不仅仅是爱情，亲情、友情，甚至是来自工作、学习的快乐也可以补偿因失恋造成的心理失衡。

"失去了她，我才遇见你。"这是一份无法企及的美丽。多一分坚强，失恋的人照样可以光鲜亮丽地生活，因为生命比我们预料的要顽强、要博大。

> 爱情是人生旅途上的一个经历，当你面临失恋的痛苦时，不要忘记身边还有更多美好的东西。

别把感情浪费在不合适自己的人身上

在巴黎市中心的两条大街的交叉口,有一座名为"巴尔扎克纪念碑"的塑像,这座塑像上的巴尔扎克昂着头,用嘲笑和蔑视的目光注视着眼前光怪陆离的花花世界。然而巴尔扎克像却没有双手,这是怎么回事呢?

这座塑像是近代欧洲雕塑大师罗丹的作品。

为了创作出这件作品,理解和体会这位《人间喜剧》作者的思想感情,表达出巴尔扎克的内在神韵,罗丹仔细阅读了巴尔扎克的全部重要作品,认真钻研了有关巴尔扎克的评论文章和传记作品。

不仅如此,罗丹对塑像的创作所持的态度也极其认真。当时塑像的委托者限定18个月完成,并给了罗丹一万法郎定金。罗丹为了避免时间仓促而做得粗制滥造,退回了一万法郎,并要求多给他一些时间。

在塑像的创作过程中,罗丹还经常征求别人的意见。一天深夜,罗丹在他的工作室里刚刚完成巴尔扎

克的雕像，独自在那里欣赏。他面前的巴尔扎克身穿一件长袍，双手在胸前叠合，表现出一种一往无前的气势。

兴奋的罗丹迫不及待地叫醒一名学生，让他来评价自己的作品。这位学生怀着惊喜的心情欣赏着老师的杰作，目光渐渐地集中在雕像的那双手上。"妙极了，老师！"这位学生叫道，"我从来没有见过这样一双奇妙的手啊！"

听到这样的赞美，罗丹脸上的笑容消失了。他匆匆跑出工作室，叫来另一个学生。"只有上帝才能创造出这样一双手，它们简直和活的一样。"学生用虔诚的口吻说道。

罗丹的表情更加不自然了，他又叫来第三个学生。这个学生面对雕像，用同样尊敬的口气说："老师，单凭您塑造的这双手，就可以使您名垂千古了。"此时的罗丹已经变得异常激动，他不安地在屋内走来走去，反复端详这尊雕像。突然，他抡起锤子，果断地砍掉了那双"举世无双的完美的手"。学生们惊讶于老师的举动，一时不知说什么才好。

罗丹用平静的口气对他们说："孩子们，这双手太突出了，它们已经有了自己的生命，不属于这座雕像的整体了。"

罗丹是明智的，不留恋最完美的，只根据自己的需要进行选择。生活中，选择恋人何尝不是如此。漂亮的、英俊的、有钱的……但不适合自己又何谈幸福呢？

爱情绝不是生命的全部，除此之外我们还有更多的事情需要去做，而不必在此浪费时间，特别是不要把感情浪费在不合适的人身上。当你发现对方不适合自己了，不要一味地忍让包容，这样只会纵容对方。受了伤害，就有权离开。不爱了，就要果断。和不适合的人分开，才会给自己机会去遇见合适的人。

选择终身伴侣更要讲究适合自己，适合自己的一个前提是：对方要是个"自由身"。"自由身"就是可以自由和你交往,没有结婚、没有订婚、没有固定的交往对象、单身并且只和你交往的人。如果你爱上的男人答应会早点儿和另一个女人分手,或是他说他不爱那个女人,他爱的是你,或是他原来的对象接受你的存在,他们不打算分手,但他想跟你在一起一阵子,或是他刚分手,但可能破镜重圆……这些都不是"自由身"。

感情是珍贵而又容易枯竭的,请珍惜你的感情,别把它浪费在不适合的人身上,而将它投注到合适的人身上。果断地丢弃不合脚的鞋,唯有如此,你的感情才能开花结果,否则你将收获无尽的伤痛与悔恨。

适合自己的才是最好的。一份感情是否完美,在于是否真正适合自己。

天涯生芳草,何苦纠缠不放

爱情不是盛开在天堂里的花朵,在这个纷繁复杂的物质社会里,爱情也常常会受到各类"病毒"的侵袭,遭遇一些或大或小的冲突。当爱情的伊甸园危机四伏时,是坚守还是突围呢?突围后又是否能有个灿烂的未来?越来越多的女人为此举棋不定,日夜嗟叹。

"爱到尽头,覆水难收",勉强维持没有爱情的关系是没有意义的。有时候,放手也是一种明智。一个不想失去你的人,未必是能和你一直相守到老的。可是,占有欲太强,也会做出各种不理智的事情。

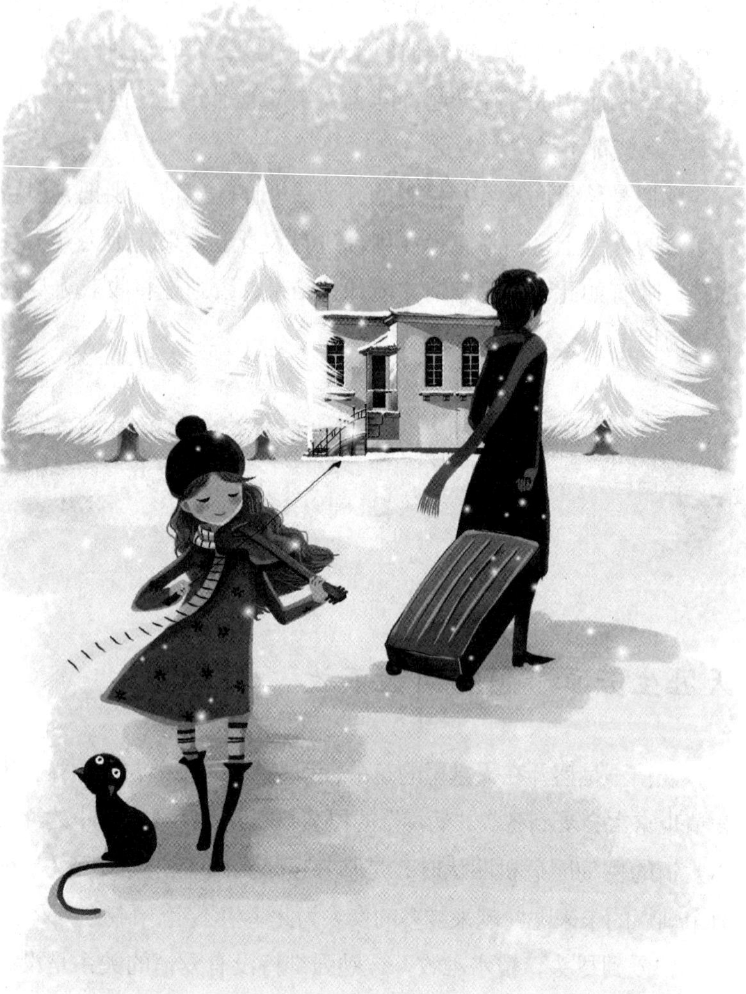

其实，当爱情已经走到尽头，无论你如何费尽心力去维持它，都于事无补。爱是一种自自然然的感觉，爱散了、淡了、完了，就随它去吧，何必"死缠烂打""寻死觅活"呢？对于一个已经不爱你的人，坚持又有什么意义呢？"天涯何处无芳草，何必单恋一枝花"，曾经以为是天长地久，到头才发现只是萍水相逢，他只是你生命中的过客，并非那个注定要为你驻留的人，又何必太在意他的离去呢？生命中总会有人与你擦肩而过，何必苦苦让自己在一棵树上吊死呢？倒不如放手，给他也是给自己一片广阔的蓝天，这样你的生活才能过得更好。

芊芊曾经听妈妈讲过她和爸爸之间的爱情故事，很美、很浪漫。她为此感到骄傲：自己的父母是因为爱而结婚的！她始终认为他们会一直相爱到白头。可理想和现实终究是有距离的。

那是一个飘雪的冬日，清晨，她被爸妈的争吵声惊醒。她走出房门，见爸爸正在穿大衣。

"这么早，你要去哪儿？"她想拦下爸爸。"这个家已经没有我的容身之地了！"爸爸大吼着冲了出去。妈妈倒在沙发上，无声地哭泣着。自那以后，爸妈天天吵、时时吵、刻刻吵。她不得不充当和事佬的角色，不停地去平息他们的战火。如此持续了几个月，大家都已经筋疲力尽了。突然有一段日子，他们不再吵了，而是变得相敬如"冰"，谁都懒得多看对方一眼。爸爸日日晚归，有时整夜都不回家。妈妈还是原来的样子，照常做饭洗衣，只是郁郁寡欢，难得一笑。

一天，芊芊实在忍不住了："你们离婚吧。你们早就想这样了不是吗？只不过碍于我而迟迟不下决定。实际上我没有你们想得那么脆弱。既然不再相爱，何苦硬是凑在一起？即使你们离婚，也仍是我的爸爸妈妈，我也仍然是你们的女儿。"

妈妈哭了，这芊芊早就料到了，但她不曾想到的是，爸爸竟然也流下了眼泪！半个月之后，爸爸搬出了他们曾经共有的家。芊芊现在生活得很自在，她的爸爸妈妈也过得很快乐。

爱情没有尺度来衡量，婚姻没有标准来量化。如果爱就要学会宽容，学会等待。爱情就像做菜，适时地添加作料才有美感。

如果一份爱走到尽头，没有挽回的余地，那就放手吧。爱过知情重，如果实在难以割舍，那么告诉自己，放手也是因为太爱他，然后，将这份情深深地埋在心里，等待时间告诉你一切的结果。那就是，生活并不需要无谓的执着，没有什么不能被真正割舍。

> 生命中总会有人与你擦肩而过，对于不属于自己的感情，释然放手，是对彼此最好的成全。

盲目地选择爱情，是不幸的序曲

进入青年时代的人们，往往要面临着一个亘古常新的课题，那就是爱情。它不知不觉地，悄悄地潜入你的心扉，撞击你的心灵。但是爱情，它可能使你获得无比的幸福，也可能使你坠入不幸的深渊；它可能使你有个腾飞的起点，也可能给你划出一条失足的轨迹。

莎士比亚在18岁那年与安·哈瑟维结婚，但据教堂记录，此前不久，他曾与一位名叫安·韦特利的姑娘结过婚。其中的原因比较复杂。

安·哈瑟维是一个富裕农民的女儿，比莎士比亚大8岁，与莎士比亚交好时，她的父亲已经去世，她与继母及同父异母的弟弟住在父亲留下的农庄里，生活得不自在，加上年岁已大，一直在费尽心机地寻找婆家，对于莎士比亚这样英俊健壮的小伙子的献媚，她自然求之不得。不久，安·哈瑟维怀了孕。莎士比亚不得不想起自己应尽的责任，放弃了与安·韦特利的恋情，转与安·哈瑟维结婚。婚后的莎士比亚接连有了3个孩子，但生活并不如意，当时他才21岁。生活的重担早早地压在他的肩上，而前途却一片渺茫。

　　为了摆脱家庭的烦恼，寻求美好的前程，在3个孩子稍大一点儿的时候，他便背井离乡，跟着一个到外地巡回演出的剧团到了伦敦，20多年后才重返故乡定居。

　　作为戏剧家，莎士比亚是成功的，但他对爱情的盲目选择造成了婚姻生活的不如意。有一位著名作家说："人在年轻的时候，并不一定了解自己追求的、需要的是什么，甚至别人的起哄也会促成一桩婚姻；等你再长大一些，更成熟一些的时候，你才会知道你真正需要的是什么。可那时，你已经做了许多悔恨得使你锥心的蠢事。"

　　有太多不成熟的爱情在我们的周围滋生，关于自己，或者关于朋友。这种爱情往往蒙蔽了我们的双眼，以为只要有爱就可以什么都不管不顾，以至在盲目的爱情中结成了婚姻，在盲目的爱情中生下了孩子。结果呢？当爱情的脚步渐渐走远，我们才发现原来自己与对方并不是彼此十分了解。爱情的阳光不再照射，在没有爱的日子里生活空洞而乏味。于是，年轻的夫妻选择了离婚，不幸的序曲终于拉开了悲惨的帷幕。

成熟的爱情也不单只是你情我愿，那是一种思想与心灵更深的交融，是在茫茫人海中感觉到的一缕绚烂的光辉，它不因时间的推移而消失，而是爱得更加深刻。因此生活中，掌握好恋爱的规律，不盲目地恋爱，才能驾驭好人生之舟，才能获得幸福。

我们可以勇敢地去追求爱情，却不能在盲目中谈一场恋爱，因为爱情不仅仅是海誓山盟，还意味着对对方的责任。

成人之美，成金之爱

才女林徽因曾经与徐志摩有过一段恋情，后来在梁启超的大力促成下，林徽因嫁给了梁启超的儿子梁思成，成就一段良缘。但著名的哲学家、逻辑学家及教育家金岳霖，为了林徽因却终生未娶。

梁思成在林徽因死后续娶他的学生林洙，林洙在怀念金岳霖的文集里披露了一段故事：

当时梁林夫妇住在总布胡同，金岳霖就住在后院，但另有旁门出入，平时走动得很勤快，就像一家人。1931年梁思成从外地回来，林徽因很沮丧地告诉他："我苦恼极了，因为我同时爱上了两个人，不知道怎么办才好！"梁思成非常震惊，一种无法形容的痛苦捉住了他，仿佛连血液都凝固了。他一夜无眠翻来覆去地想，他一方面觉得痛苦，一方面也很感谢妻子没有将他当成一个傻丈夫，她坦白而诚实得好像是个小妹妹招惹了麻烦，向哥哥讨主意。他问自己，林徽因到底和谁在一起会比较幸福？他虽然自知他在文学、艺术上有一定的修养，但金岳霖那哲学家的头脑，也是自己赶不上的。

第二天，他告诉林徽因："你是自由的，如果你选择了老金，我祝愿你们永远幸福。"说着说着，两个人都哭了。后来林徽因将这些话转述给金岳霖，金岳霖回答："看来思成是真正爱你的，我不能伤害一个真正爱你的人，我应该退出。"从此他们再不提起这件事。

三个人仍旧是好朋友，不但在学问上互相讨论，有时梁思成和林徽因吵架，也是金岳霖做仲裁，把他们糊涂的问题弄明白。金岳霖再不动心，终生未娶，待林、梁的儿女如己出。

我们不禁对这两个男人博大的胸怀和洒脱的性情肃然起敬！他们是真正领悟了爱情的真谛：给爱人自由，尊重爱人的选择。当林徽因面临爱情的抉择时，两个男人都从他们的爱人和做朋友的幸福出发，做出让步，让所爱的人真正快乐。

而做出这样的选择需要何等的勇气！正如有所放弃就会有回报一样，梁思成的让步使他再次赢得了爱的权利，金岳霖的让步使他们之间的友谊更加深厚，更加牢固。

爱的真谛不是自私也不是约束，更不是占有。把"爱"字分解开来，你会发现它其实是一只手抚慰着朋友的头，无论对待亲人还是朋友，我们要用心去爱，去抚慰他们的痛苦，这就是爱的真谛。当你真正爱对方的时候，应该助对方一臂之力，让对方自由飞翔。

我们即使做不到像这两位先辈那样洒脱，也要学会如何去爱我们所爱的人。学会在适当的时候放手，幸福也会悄然降临。

> 爱的真谛不是自私也不是约束，更不是占有，而是要学会去爱我们所爱的人，给她真正想要的幸福。

>>> 第九章
# 放下浮躁和自寻烦恼
——给自己来杯忘情水

很多时候，拿起来并不太难，难的是放得下。功名利禄，爱恨情仇，唯有及时放下心中的包袱，为心灵留出足够的空间，我们才有机会去接纳更多的快乐和幸福，才能够遇见更好的自己。

世间烦恼，皆由"我"起

世间一切烦恼，皆由"我"而起。若能够体验到菩提达摩话中的"无我"境界，无论忧愁还是喜悦，一切自然会随风消散。常人达不到佛法中"无我"的至高境界，却也懂得买醉来求得一时的忘忧。常言说借酒消愁愁更愁，醉酒之时的"忘我"也自然不能等同于佛家的"无我"，但是那一刻对自我的遗忘是相似的，就像平时我们安慰一个失意之人，总是说"睡一觉就好了"，事实上睡醒后烦恼照旧，而睡梦中却能获得暂时的解脱。无我，则是水到渠成的自在。

从古至今，对"我"的认识与探索一直未曾间断，古希腊先贤苏格拉底的名言之一就是"认识你自己"。圣严法师将这个"自己"分为了两个层次，一是个人自私的小我；二是仁爱、博爱的大我。

从另一个角度,又可视为物质上的身体和精神上的心灵的结合。身体每时每刻都在改变,而且注定会死亡;精神同样在外力与内因的作用下变化着,而且每一刻的念头也总会消失。因此,"我"只是一种虚幻的妄念,因我生执,因执而苦。

从前有一个秃头犯了法,由一名差役负责押送他到流放地。一路上,差役十分谨慎,生怕犯人会从自己的手里逃脱。他心思缜密,每次打尖休息时不仅对犯人寸步不离,而且常常清点随身物品,每次清点都会自言自语:"秃头还在,公文还在,佩刀还在,枷锁还在,雨伞还在,我也在。"秃头每每听到他反复念叨都忍俊不禁,同时暗暗寻找着逃跑的机会。

终于快到目的地了,秃头对差役一路劳顿颇感不安,于是提出要出钱请他好好吃一顿,以表示自己的感激和歉意,并起誓绝对不会逃跑。快到驻地,差役也放松了警惕,在秃头不断的劝说与奉承下很快喝得酩酊大醉。

秃头摸来差役的钥匙,打开了枷锁,临逃走之前想起了差役每次的念叨,不由兴起,想跟差役开个玩笑,于是用佩刀剃光了他的头发,又把枷锁戴在了他的身上。

差役大醉醒来,吃惊不小。他猛一拍自己的头,然后又看到了自己身上的枷锁:"秃头还在!"他顿时释然,继而习惯性地清点:"公文还在,佩刀还在,枷锁还在,雨伞还在,我呢?"差役不知所措,见人就问:"你看见我了吗?"

差役执着于事物的表象以致丢失了自己,他的"无我",是滑稽的,既令自己苦恼,又引得旁人发笑。真正的"无我"虽同样难以求得,甚至让人心生抗拒,但一旦体会到了将"我"放下的通透,就能够达到一种澄明之境。由圣严法师对"我"的两层定义,同样可以将"无我"分为两种:一种是人无我,即针对个人而言,没有一个恒定不变的主体；另一种是法无我，即诸法无我，任何法都由因缘和合而生，没有一个永恒的主宰者。

"如来者，无所从来，亦无所从去。"忘我以至无我，又在无我中做好我该做的一切，如空中飞鸟，不知空是家乡；水中游鱼，忘却水是生命。"别人笑我太疯癫，我笑他人看不穿"，对于佛门之外的人，这种无我也许十分荒唐，而在这一刻顿悟的人，却体验到了其他人看不穿望不断的红尘之外的快乐。一切现象因缘所生，变化无常，索性把我放下，把环境忘记，把无常当作常态，自在与快乐将会紧随身后。人若无我，则天地澄明，花香鸟语间蕴涵的禅机都会涌至眼前。

春来花自青，秋至叶飘零，无穷般若心自在，语默动静体自然。

剔除了杂质，才会留下无暇之美

心理学家曾指出：人是最会制造垃圾污染自己的动物之一。清洁工每天早上都要清理人们制造的成堆的垃圾，这些有形的垃圾容易清理，而人们内心诸如烦恼、欲望、忧愁、痛苦等无形的垃圾却不那么容易清理。

我们在装修房子的时候，总是会小心谨慎地制订详细的方案，研究每一个细节，墙壁的颜色、地板的质地、吊灯的造型，都是不可忽视的部分。我们为自己的家园精心选择最好的建材。但是在建设精神家园的时候，我们却太粗心了。虽然精神家园比物质家园重要得多，但是很多人出于各种原因不肯多费心思。那些恐惧、烦恼、焦虑、不安等消极念头一旦成为精神家园的建材，那么它们便可能发霉、腐烂，我们的心灵世界就岌岌可危了。

所以，为了保持心灵家园的纯洁，我们必须选择勇敢、乐观、积极的思想，并且及时进行"精神扫除"，丢弃或扫掉拖累心灵的东西。除此之外，还可以用美德来充盈我们的心灵空间，让垃圾再无容身之处。

有一位哲学家，带着他的学生去漫游世界，十年间，他们游历了所有的国家，拜访了所有有学问的人，现在他们回来了，个个满腹经纶。在进城之前，哲学家在郊外的一片草地上坐下来，对他的学生说："十年游历，你们都已是饱学之士，现在学业就要结束了，我们上最后一课吧！"

学生们围着哲学

家坐了下来，哲学家问："现在我们坐在什么地方？"学生们答："现在我们坐在旷野里。"哲学家又问："旷野里长着什么？"学生们说："旷野里长满杂草。"

哲学家说："对，旷野里长满杂草，现在我想知道的是如何除掉这些杂草。"学生们非常惊愕，他们都没有想到，一直在探讨人生奥妙的哲学家，最后一课问的竟是这么简单的一个问题。

一个学生首先开口说："老师，只要有铲子就够了。"哲学家点点头。

另一个学生接着说："用火烧也是很好的一种办法。"哲学家微笑了一下，示意下一位。

第三个学生说："撒上石灰就会除掉所有的杂草。"

接着第四个学生说："斩草除根，只要把根挖出来就行了。"

等学生们都讲完了，哲学家站了起来，说："课就上到这里了，你们回去后，按照各自的方法除去一片杂草，一年后再来相聚。"

一年后，他们都来了，不过原来相聚的地方已不再是杂草丛生，它变成了一片长满谷子的庄稼地。

所以，如果你想让自己的心灵世界再无纷扰，唯一的方法就是用好的品格占据它。

一个人，在尘世间走得太久了，心灵无可避免地会沾染上尘埃，使原来洁净的心灵受到污染和蒙蔽。的确，对一个未知的开始，而你又不确定哪些是你想要的。所以，不要害怕自己选择了错误的东西，但一旦发现错误，一定要及时修正，清除心中的杂质，让自己纯净的心灵重新显现。

剔除杂质的最好方法，就是用最好的品质去代替它。

丢弃烦恼，重视手边清楚的现在

常常会有这样的时候，我们深陷在对昨天伤心往事的懊悔中，期待明天会有不一样的艳阳高照，却独独忽视了今天的存在。是我们自己亲手种下一道心灵的魔咒，让岁月在蹉跎中逝去，只为我们留下满目的疮痍。

1871年春天，一个蒙特瑞综合医院的医学学生偶然拿起一本书，看到了书上的一句话，就是这句话，改变了这个年轻人的一生。它使这个原来只知道担心自己的期末考试成绩、自己将来的生活何去何从的年轻的医学院学生，最后成为他那一代最有名的医学家。他创建了举世闻名的约翰·霍普金斯学院，被聘为牛津大学医学院的教授，还被英国国王册封为爵士。他死后，他的一生用厚达1466页的两大卷书才记述完。

他就是威廉·奥斯勒爵士，而下面，就是他在1871年看到的由汤冯士·卡莱里所写的那句话："人的一生最重要的不是期望模糊的未来，而是重视手边清楚的现在。"

42年之后，在一个郁金香盛开的温暖的春夜，威廉·奥斯勒爵士在耶鲁大学做了一场演讲。他告诉那些大学生，在别人眼里，曾经当过4年大学教授，写过一本畅销书的他，拥有的应该是"一个特殊的头脑"，可是，他的好朋友们都知道，他其实也是个普通人，他所取得的一切，只是因为他注重了今天。

时间并不能像金钱一样让我们随意储存起来，以备不时之需。我们所能使用的只有被给予的那一瞬间——现在。所谓"今日"，正是"昨日"，计划中的"明日"；而这个宝贵的"今日"，不久将消失。

对于我们每个人来讲，得以生存的只有现在——过去早已逝去，而未来尚未来临。昨天，是张作废的支票；明天，是尚未兑现的期票；只有今天，才是现金，具有流通的价值。所以，不要老是惦记明天的事，也不要总是懊悔昨天发生的事，把你的精神集中在今天。对于远方将要发生的事，我们无能为力。杞人忧天，对于事情毫无帮助。所以记住：你现在就生活在此时此地，而不是遥远的地方。

一位哲学家在古罗马的废墟里发现了一尊神像。由于从来没见过这样的神像，哲学家好奇地问它："你是什么神啊，为什么有两张面孔？"

神像回答："我的名字叫双面神。我可以一面回视过去，吸取教训；一面仰望将来，充满希望。"哲学家又问："那么现在呢？最有意义的现在，你注视了吗？""现在？"神像一愣，"我只顾着过去和将来，哪还有时间管现在。"

哲学家说："过去的已经逝去了，将来的还没有来到，我们唯一能把握的就是现在；如果无视现在，那么即使你对过去、未来了如指掌，那又有什么意义呢？"神像一听，恍然大悟，它失声痛哭起来："你说的没错，就是因为抓不住现在，所以古罗马城才成为历史，我自己也被人丢在了废墟里。"

西方有这样一句话:"不要烦恼明天的事,因为你还有今天的事要烦恼。" 这是一句隐含大智慧的话,却不是容易做到的事。何必为明天的事情忧虑呢?把一切泪水留给昨天,把所有烦恼抛向未来,专心地过好今天,活出生命的色彩,当晚上安然入眠时,那就是给今天最好的肯定和礼赞。

人的一生最重要的不是期望模糊的未来,而是重视手边清楚的现在。

剪掉不必要的生活内容

一个人觉得生活很沉重,便去见智者,寻求解脱之法。

智者给他一个篓子让他背在肩上,指着一条沙砾路说:"你每走一步就捡一块石头放进去,看看有什么感觉。"

过了一会儿,那人走到了头,智者问有什么感觉。那人说:"越来越觉得沉重。"智者说:"这也就是你为什么感觉生活越来越沉重的道理。当我们来到这个世界上时,每个人都背着一个空篓子,然而我们每走一步都要从这世界上捡一样东西放进去,所以才有了越来越累的感觉。"

生命之舟需要轻载。当你觉得生活不堪重负时不妨学会"卸载":将自己的烦恼和包袱——勾销,让自己的心态"归零"。

年轻的时候,玛丽比较贪心,什么都追求最好的,拼了命想抓住每一个机会。有一段时间,她手上同时拥有13个广播栏目,每天忙得昏天暗地,她形容自己:"简直累得跟狗一样!"

事情都是双方面的，所谓有一利必有一弊，事业越做越大，压力也越来越大。到了后来，玛丽发觉拥有更多、更大不是乐趣，反而是一种沉重的负担。她的内心始终被一种强烈的不安全感笼罩着。

1995年，"灾难"发生了，她独资经营的传播公司被恶性倒账四五千万美元，交往了7年的男友和她分手……一连串的打击直奔她而来，就在极度沮丧的时候，她甚至考虑结束自己的生命。

在面临崩溃之际，她向一位朋友求助："如果我把公司关掉，我不知道我还能做什么？"朋友沉吟片刻后回答："你什么都能做，别忘了,当初我们都是从'零'开始的!"

这句话让她恍然大悟,也让她勇气再生:"是啊!我们本来就是一无所有,既然如此,又有什么好怕的呢?"就这样念头一转,没有想到在短短半个月之内,她连续接到两笔很大的业务,濒临倒闭的公司起死回生,又重新动了起来。

历经这些挫折后,反而让玛丽体悟到人生"无常"的一面,费尽了力气去强求,虽然勉强得到,最后却留也留不住;反而是一旦放空了,随之而来的是更大的能量。

她学会了"生活的减法"。为了简化生活,她谢绝应酬,搬离了 150 平方米的房子。索性以公司为家,在一个 10 平方米不到的空间里,淘汰不必要的家当,只留下一张床、一张小茶几,还有两只作伴的狗。

玛丽忽然发现,原来一个人需要的其实那么有限,许多附加的东西只是徒增无谓的负担而已。朋友不解地问她:"你为什么都不爱自己?"她回答:"我现在是从内在爱自己。"

一个人在自己觉得不堪重负的时候,应当学会做"减法",减去自己不需要的东西,有时候简单一点儿,人生反而会觉得更踏实。

> 一个人需要的其实那么有限,许多附加的东西只是徒增无谓的负担而已。

放下自寻烦恼的状态

人的贪欲、仇恨、忌妒、猜疑都是烦恼的来源,烦恼离不开"我"

字、我要、我急、我想、我认为、我以为，烦恼就这样来了。

一位心理学家为了研究人的烦恼的来源，做了一个有趣的实验：他让参加实验的志愿者们在周日的晚上把自己对未来一周的忧虑与烦恼写在一张纸上，并署上自己的名字，然后将纸条投入"烦恼箱"。

一周之后，心理学家打开了这个箱子，将所有的纸条还给所属的主人，并让志愿者们逐一核对自己的烦恼是否真的发生了。结果发现，其中92%的烦恼并未真正发生。随后，心理学家让他们把过去一周真正发生过的烦恼记录下来，又投入"烦恼箱"。

3周之后，心理学家再次把箱子打开，让志愿者重新核对自己写下的烦恼，这次，绝大多数人都表示，自己已经不再为3周之前的烦恼而烦恼了。

在这个实验中，我们都会发现：烦恼这东西原来是预想的很多，出现的却很少；自认为沉重到无法负担，转瞬也便如骤雨急停。烦恼大都是自己找来的，而且大多数人习惯把琐碎的小事放大。

"人有悲欢离合，月有阴晴圆缺"，自然的威力，人生的得失，都没有必要太过计较，太较真儿了就容易受其影响。人来到世间，不是为苦恼而来的，所以不能天天地板着面孔，伤心、烦恼、失意，这样的人生毫无乐趣而言。

我们应该为自己创造一个乐观、积极、进取的个性，快乐地做人，远离忧愁、悲伤、苦恼，如此活在人间才会顺心，才有价值。然而在生活中，我们往往忘记了这些，很容易就被一些鸡毛蒜皮的琐事牵绊，忘记了自己的初衷，于是自生烦恼。

大刘因为工作的变动，到了一个全新的部门，这个部门似乎没有以前的部门好，于是他总是担心别人会有想法：怎么回事，是不是犯了错误而调到这里来的。虽然只是正常的工作调动，也是自己一直希望的，但还是担心别人会说些什么，于是他待在家中好久没有露面。

有一天到大街上，遇到一个熟人，他说："你不做老总啦？调到哪儿去了？"大刘说："不做了，调到办事处去了。"他说："好呀，祝贺你呢！"大刘笑笑："有时间去玩儿呀。"事后，大刘心里总有一种不舒服的感觉，害怕熟人是在笑话他。

过了不久，又碰到了那位熟人，他说："听说你不做老总了，调哪儿去了呢？"大刘心里想：这人怎么这样，这么不在意人，不是说过了吗？但最后还是淡淡地说："我调到办事处去了，有时间去玩儿。"他好像恍然大悟，说："对了对了，你说过的，对不起呀，我忘了。"听了他这话，大刘心里突然明朗起来，好像一下子悟出什么来了。

是呀，自己整天担心别人说什么，整天把自己当回事，而别人早把自己忘了。于是，他同原来一样，和朋友们一起喝酒聊天，大家还是那么热情。

其实，所有的不堪和烦恼，都只是自己杯弓蛇影，自恋自虐而

已,所有的担心和疑惑,都是自己的原因。事实上,在别人的心中,自己并不是那么重要的。

生活中常常碰到一些事,比如说了什么不得体的话,被他人误会了,遇到了什么尴尬的事,等等,大可不必耿耿于怀,更不必找所有人解释,因为事情一旦过去,没有人还会去理会曾经的一句闲话,或是一个小的过失和疏忽。

我们念念不忘的事情,说不定别人早已忘记了,不要太把自己当回事了。其实,我们也可以问问自己,别人的一次失误或尴尬,真的总会在我们的心头挥之不去,让我们时时惦记吗?我们对别人的衣食住行真的那么关心,甚至超过关心自己吗?

作家吴淡如女士曾经在她的文章中提到过这样一组数据:"我们的烦恼中,有40%属于杞人忧天,那些事根本不会发生;30%是无论怎么烦恼也没有用的既定事实;另12%是事实上并不存在的幻象;还有10%是日常生活中微不足道的小事。也就是说,我们的脑袋有92%的烦恼都是自寻烦恼,活该你烦恼。只有8%的烦恼勉强有些正面意义。"

吴淡如问她的读者:"看了这些数据,你要不要删除你92%的烦恼?"是啊,看了这些数据,我们是否应该主动删除自己那92%的烦恼呢?

佛经上说,魔鬼不在心外,魔鬼就在自己的心中。由此,我们应该知道,自己的敌人就在自己心里,贪嗔痴疑慢、消极懈怠、忧愁烦恼,无一不是阻碍我们前进的心魔,能将其降伏者,也只有我们自己。

> 擒山中之贼易,捉心中之贼难。

放下浮躁，人生静如禅

　　心静可以沉淀出生活中许多纷杂的浮躁，过滤出浅薄、粗率等人性的杂质，可以避免许多鲁莽、无聊、荒谬的事情发生，不轻易起心动念，如此才能达到"心静则万物莫不自得"的境界。

　　约翰是一家大型航空公司的经理。一次邂逅让他学会了一种"坐在阳光下"的艺术，这让他第一次能够在忙碌的生活中找回宁静的心境。下面是他对这段宝贵体验的回顾：

　　在一个二月的早晨，我正匆匆忙忙走在加州一家旅馆的长廊上，手上抱满着刚从公司总部转来的信件。我是来加州度寒假的，但是仍无法逃脱我的工作，还是得一早处理信件。当我快步走过去，准备花两个小时来处理我的信件时，一位久违的朋友坐在摇椅上，帽子盖住他部分眼睛，他把我从匆忙中叫住，用缓慢而愉悦的南方腔说道："你要赶到哪儿去啊，约翰？在我们这样美好的阳光下，那样赶来赶去是不行的。过来这里，好好嵌在摇椅里，和我一起练习一项最伟大的艺术。"

　　这话听得我一头雾水，问道："和你一起练习一项最伟大的艺术？""对！"他答道，"一项逐渐没落的艺术。现在已经很少人知道怎么做了。""噢？"我问道，"请你告诉我那是什么？我没有看到你在练习什么艺术啊。""我有。"他说道，"我正在练习只是坐在阳光下的艺术。坐在这里，让阳光洒在你的脸上，感觉很温暖，闻起来很舒服。你会觉得内心很平静。你曾经想过太阳吗？"

　　"太阳从来不会匆匆忙忙，不会太兴奋，它只是缓慢地善尽职守,也不会发出嘈杂声,不按任何钮,不接任何电话,不摇任何铃,只是一直洒下阳光,而太阳在一刹那间所做的工作比你加上我一辈子所做的事还要多。想想看它做了什么。它使花儿开,使大树长,使地球暖,使果蔬旺,使五谷熟;它还蒸发了水,再以雨的形式让它回到地球上来,它还使你觉得有平静感。"

"所以请你把那些信件都丢到角落去。"他说道,"跟我一起坐到这里来。"我照做了。当我后来回到房间去处理那些信件时,我几乎一下子就完成了工作。这使得我还留有大部分的时间来度假,也可以常"坐在阳光下"放松自己。

生活中,有千万个像约翰一样忙于工作而无暇自顾的人。在这种时候,我们就应该考虑是否该独处一段时间了。我们可以找一个时间让自己静一静,将宁静从自己的心中重新找回来。每天花点儿时间进行静思。这种练习能使你的精神活动放慢。一旦你放慢内在混乱状态活动的速度,那么外在生活自然也就慢下来了。

唯有宁静的心灵,才不眼热显赫权势,不奢望成堆的金银,不乞求声名鹊起,不羡慕美宅华第,因为所有的眼热、奢望、乞求和羡慕都是一厢情愿,只能加重生命的负荷,加速心灵的浮躁,使我们与豁达康乐无缘。

按住浮躁,守住一份安宁,人生自得闲情逸致。

你用什么量器给别人,别人也必会用什么量器给你。

放下不满，活着便是幸福

有位青年，厌倦了生活的平淡，感到一切只是无聊和痛苦。为寻求刺激，青年参加了挑战极限的活动。

活动规则是：一个人待在山洞里，无光无火亦无粮，每天只供应5千克的水，时间为整整5个昼夜。

第一天，青年颇觉刺激。

第二天，饥饿、孤独、恐惧一齐袭来，四周漆黑一片，听不到任何声响。于是，他开始向往平日里的无忧无虑。他想起了乡下的老母亲不远千里地赶来，只为送一坛韭菜花酱以及小孙子的一双虎头鞋；他想起了终日相伴的妻子在寒夜里为自己掖好被子；他想起了宝贝儿子为自己端的第一杯水；他甚至想起了与他发生争执的同事曾经给自己买过的一份工作餐……渐渐地，他后悔起平日里对生活的态度来：懒懒散散、敷衍了事、冷漠虚伪、无所作为。

到了第三天，他几乎要饿昏过去。可是一想到人世间的种种美好，便坚持了下来。第四天、第五天，他仍然在饥饿、孤独、极大的恐惧中反思过去，向往未来。

他责骂自己竟然忘记了母亲的生日，他遗憾妻子分娩之时未尽照料义务，他后悔听信流言与好友分道扬镳……他这才觉出需要他努力弥补的事情竟是那么多。可是，连他自己也不知道，他能不能挺过最后一关。此时，泪流满面的他发现：洞门开了。阳光照射进来，白云就在眼前，淡淡的花香，悦耳的鸟鸣，他又迎来了一个美好的人间。

青年扶着石壁蹒跚着走出山洞，脸上浮现出了一丝难得的笑容。

5天以来，面对孤独与绝望，他感受到了活着的分量，一切的抱怨，一切的不满，全都化为了浓浓的感恩，感恩父母、亲戚和朋友，感恩，仅仅因为"活着"。5天以来，他一直用心地呢喃着一句话，那便是：活着，就是最大的幸福。

　　活着，就像每天呼吸的空气，不经意间，不易察觉。生活中所有的烦恼和不满就像浓稠的迷障，让你触摸不到生活的真切内涵。只有放下种种的不满，敲开自己的心扉，积极地对待生活中的每一天，你才能好好地活着，才能感受到生活的美好，才能享受到幸福的真谛。

　　一位名人去世了，朋友们都来参加他的追悼会。昔日前呼后拥、香车宝马的名人躺在骨灰盒里，百万家财不再属于他，宽敞的楼房也不再属于他，他所拥有的只有一个骨灰盒大小的空间，一切都化成了一把灰烬。

从名人的追悼会上回来，几乎每一个人都感慨万千。那么聪明的一个人，每一个曾经与他斗的人最终都败下阵来，可是他斗来斗去也斗不过命。撒手人寰以后，一切都是空。

追悼会对人们进行了一次洗礼。人们想：趁现在好好活着吧，活着就是幸福，什么利、权、势，轰轰烈烈了一世，最后还不是一个人孤零零地走？从前绞尽脑汁、机关算尽，面貌狰狞地往上爬，值吗？

从死亡的身边经过以后，才知道活着是多么幸福。可是，明天，每个人还是要忙忙碌碌地奔波生活。一边是死亡的震撼，一边是活着的琐碎。我们很容易被死亡震撼，然而我们更容易被活着的琐碎淹没。不要去在意那些繁杂的纠葛、苦痛与伤害，放下一切嘈杂的琐碎与不满，好好珍惜现在鲜活的生命吧，只有这样，才能够触摸到生活的本质，只有这样，才能找寻到最大的幸福。请相信，活着，便是莫大的幸福。

积极地对待生活中的每一天，才能好好地活着，才能感受到生活的美好，才能享受到幸福的真谛。

驱除阴影，做最阳光的自己

生活中，每一个人都不可避免地会经历幸福时的欢畅、顺利时的激动、委屈时的苦闷、挫折时的悲观和选择时的彷徨，这就是人生。人生就是一碗酸、甜、苦、辣、咸五味俱全的汤，每种滋味都有可能品尝。

然而,人生并非只是一种无奈,而是可以由自身主观努力去把握和调控的。做最阳光的自己,人生就可以操之在我。

阳光是世界上最纯粹、最美好的东西。它驱除阴影,照耀四方,让人心旷神怡;它沐浴万物,让世界充满向上和成长的力量;它坦荡无私,播撒着快乐与博爱的光芒。

一个阳光的人,总是能够在生活中自由自在地行动,勇于选择和承担生活的责任,不受尘世的约束却又深情细致;在任性与认真之间,不管是守着边缘或主流的位置,他都能体悟人生。

有阳光,当然也会有阴影。当阴影来临时,就是自我沉潜、韬光养晦的时机。即使阴影仍在头顶上盘旋,阳光的人却没有悲伤,因为在他们的内心还留有幸福的余温。

人生阳光与否,其实是人的一种感觉,一种心情。外部世界是一回事,我们的内心又是另外一种境界。如果我们的内心觉得满足和幸福,我们就快乐;我们的心灵灿烂,外面的世界也就处处充满着阳光。

一个刚入寺院的小沙弥,心有旁骛,忍受不了寺院的冷清生活,甚至有了轻生的念头。这一天,他独自一人走上了寺院后面的悬崖,就在他紧闭双眼,准备纵身跳下时,一只大手按住了他的肩膀。他

转身一看，原来是寺院的老方丈。

小沙弥的眼泪马上流了出来，他如实告诉方丈，自己已看破红尘，只想一死了之。

老方丈摇摇头，对小沙弥说："不对，你拥有的东西还有很多很多，你先看看你的手背上有什么？"

小沙弥抬手看了看，讷讷地说："没什么呀？""那不是眼泪吗？"老方丈语气沉重地说。小沙弥眨眨眼睛，又是热泪长流。老方丈又说："再看看你的手心。"

小沙弥又摊开双手，对着自己的手心看了一阵，不无疑惑地说："没什么呀？"

老方丈呵呵一笑，对小沙弥说："你手上不是捧着一把阳光吗？"小沙弥怔了一下，心有所悟，脸上也泛起丝丝笑容。

只要心中留下一片阳光，纵使周围是无边的黑暗和寒冷，你的世界也会明媚而温暖。掬一把阳光，整个太阳便笑在掌心里，魅力四射。

面对生命时，每个人对自己的人生都有独特的解释和看法，在解读生命的同时，每个人都有一套自己的生活哲学和处世智能。在生命停泊的港湾，你可以沉淀、驻足、优游，也可以暂停、休息、思考，或者选择暂时的空白，也许你还可能因此而获得对生命的觉悟。

我们何不为自己的心灵敞开一扇门，让自己通向更高层次的觉悟，让自己的生命可以得到更多的能量，最后，探源至精神的最光亮处，获得人生的圆满。

爱若是生命的原动力，觉悟就是生命的源头，而生命就是阳光，活着，就是要寻找出属于自己的光亮。

生命透过不同形式的传达，有了不同的人生境界。生命里确实承受不起太多的阴影，在生命停泊的港湾，让我们一起邀请阳光走进来，寻找属于自己的阳光，做最阳光的自己。

> 生命不宜有太多的阴影、太多的压抑，最好能常常邀请阳光进来，偶尔也释放真性情。

悬崖深谷处，撒手得重生

禅宗认为，一个人只有把一切受物理、环境影响的东西都放掉，万缘放下，才能够逍遥自在，万里行游而心中不留一念。在圣严法师看来，"必须放下"归因于因缘的聚散无常。

人的聚散离合，都是基于种种因缘关系，有因必有果，"因"既有内因又有外因，还有不可抗拒的"无常"，事情的发展不会总是按照我们的主观想象进行，沟沟坎坎不可避免，大多数时候，万事如意只是一个美好的心愿罢了。

适时的放开不仅是治病的良药，有时甚至会成为救命的法宝。

过去，有一个人出门办事，跋山涉水，好不辛苦。有一次，经过险峻的悬崖，一不小心掉到了深谷里去。此人眼看生命危在旦夕，双手在空中攀抓，刚好抓住崖壁上枯树的老枝，总算保住了性命，但是人悬荡在半空中，上下不得，正在进退维谷、不知如何是好的时候，忽然看到慈悲的佛陀站立在悬崖上慈祥地看着自己，此人如见救星般，赶快求佛陀说："佛陀！求求您慈悲，救我吧！""我救你可以，但是你要听我的话，我才有办法救你上来。"佛陀慈祥地说。"佛陀！到了这种地步，我怎敢不听您的话呢？随您说什么，我全都听您的。"

"好吧！那么请你把攀住树枝的手放下！"

此人一听，心想，把手一放，势必掉到万丈深坑，跌得粉身碎骨，哪里还保得住性命？因此更加抓紧树枝不放，佛陀看到此人执迷不悟，只好离去。

悬崖深谷得重生看似一种悖论，实际上却蕴涵着深刻的禅理。佛法中有言："悬崖撒手，自肯承担。""悬崖撒手"是一种姿态，美丽而轻盈。放手之后，心灵将获得一片自由飞翔的广袤天空，在瞬间释放与舒展。

这样的故事无意中契合了禅宗的某些观点，禅修者必须有所舍得，才能有所收获。圣严法师说唯有能放下，才能真提起。放得下的人，不仅要放下自己，还要放下周遭所有的一切。放下也并非完全失去自我，而是指不再存对抗心，也不再有舍不得，要随时随地对任何事物没有丝毫的牵挂，能如此，才谈得上是自在、是解脱。

所谓回头是岸，岸貌似远在天涯。天涯远不远？不远。放下的时候，天涯就在面前。

>>> 第十章
# 放慢节奏,乐活当下
——珍惜现在拥有的幸福

放缓脚步,放下肩头的重担,扔掉压垮后背的包袱,卸下心中的忧虑,唯有让自己慢下来,停下匆忙的脚步和急躁的情绪,停下疲惫的步伐和要强的心理,身边的美景才不会擦肩而过,幸福才会准时来到你的身边。

生死如来去,重来去自在

"生者寄也,死者归也。"活着是寄宿,死了是回家。明白了生死交替的道理,就懂得了生死。生命如同睡莲,开放收拢,不过如此。

庄子到楚国去,途中见到一个骷髅,枯骨突露呈现出原形。庄子用马鞭敲了敲辕,于是问道:"先生是贪求生命、失却真理,因而成了这样呢?还是遇上了亡国的大事,遭受到刀斧的砍杀,因而成了这样呢?或者有了不好的行为,担心给父母、妻子、儿女留下耻辱、羞愧而死了呢?抑或你遭受寒冷与饥饿的灾祸而成了这样呢?抑或你享尽天年而死去成了这样呢?"

庄子说罢,拿过骷髅,当枕头枕着而睡去。

到了半夜,骷髅给庄子显梦说:"你先前谈话的情况真像一个

善于辩论的人。看你所说的那些话，全属于活人的拘累，人死了就没有上述的忧患了。你愿意听听人死后的有关情况和道理吗？"

庄子说："好。"

骷髅说："人一旦死了，在上没有国君的统治，在下没有官吏的管辖；也没有四季的操劳，从容安逸地把天地的长久看成是时令的流逝，即使南面为王的快乐，也不可能超过。"

庄子不相信，说："我让主管生命的神来恢复你的形体，为你重新长出骨肉肌肤，返回到你的父母、妻子、儿女、左右邻里和朋友故交中去，你希望这样做吗？"

骷髅皱眉蹙额，深感忧虑地说："我怎么能抛弃南面称王的快乐而再次经历人世的劳苦呢？"

相传六祖慧能弥留之际，众弟子痛哭，依依不舍，大家都将他视为再生父母。六祖气若游丝地说："你们不用伤心难过，我另有去处。"

"另有去处"四个字，发人深省。慧能把死当成一段新的旅程，不但豁达、开朗，而且使生命在时间、空间上的价值得以继续延伸，远胜过有些人虽然活着，却只有华美装饰的躯壳，而无真我的风采！

禅宗有关超越生死的看法，很值得今天还看不透人生、想不通生活或对死亡心存畏惧的人参考借鉴。禅宗重来去自在，生死也有如来去。参透这一玄机，我们就不必天天再为生老病死而恐惧不安，或对于家庭亲朋甚至世间的虚华富贵有所舍不得，至少可以活得开心一点儿、快乐一些。

有生必有死，有得必有失，生死是人生必经的旅程，不要把死看作是个终结，也可以同慧能一样，走向"另一个去处"。

一沙一世界，一叶一菩提，生命的收与放，本质都是一样的。面对生死，悠然自得，便是真正懂得了生命。正如丘吉尔谈及死亡，他说，酒吧关门的时候我就离开。

看透死亡，就会达到一种全新的人生高度，站在这个高度上俯瞰生命中的所有悲喜成败、烦恼纠葛，人心中会自然生出一种"会当凌绝顶，一览众山小"的感觉。凭借这种胸怀和气魄，做事又怎么会不成功呢？

> 生命的收与放，本质都是一样的。面对生死，悠然自得，便是真正懂得了生命。

脱去复杂的洋装才能幸福地生活

在一个艳阳高照的午后,一个勤劳的樵夫扛着沉甸甸的斧头上山去打柴,一路上不觉汗如雨下。就在他停下脚步准备休憩之时,他看到一个人正跷着二郎腿,悠闲地躺在树底下乘凉,便忍不住上前问道:"你为什么躺在这里休息,而不去打柴呢?"

那个人看了樵夫一眼,不解地问道:"为什么要去打柴呢?"

樵夫脱口而出:"打了柴好卖钱呀。"

"那么卖了钱又为了什么呢?"乘凉的人进一步问道。

"有了钱你就可以享受生活了。"樵夫满怀憧憬地说。

听到这话,乘凉的人禁不住笑了,他意味深长地对樵夫说道:"那么你认为,我现在又是在做什么呢?"

听见此话,樵夫顿时无语。

在追求幸福的途中,我们往往会为生活戴上重重枷锁,殊不知脱去复杂的洋装,才能展露出幸福生活的本质。

故事中乘凉的人没有把自己盲目地投入到紧张的生活中,而是恬然地享受悠闲自在的日子——躺在树下轻松自由地呼吸,对生命充满着由衷的喜悦与感激。这种简单、惬意的生活是多么惹人羡慕,多么令人向往啊。这种发自内心的简单与悠闲,正是幸福生活的真谛所在,睿智如他,快乐而洒脱地抓住了快乐的尾巴。

在我们忙忙碌碌,为生活所累的时候,是否应该回头看一看现代人的生活?当我们不断地抱怨,被无穷无尽的牢骚湮没的时候,是否应当重新考量生活的定位?现如今的我们正被包围在混乱的杂事、杂务,尤其是杂念之中,却不知到底是为谁辛苦为谁忙。一番

苦痛和挣扎之后，一颗颗活跃而跳动的心被挤压成有气无力的皮球，在坚硬的现实中疲软地滚动。

也许是因为在竞争的压力下我们逐渐丧失了内心的安全感，于是就产生了担心无事可做的恐惧，也许是内心的不安使我们急欲去寻找可以依靠的港湾，所以才愈发急着找事做，希望以此来自我安慰。不知不觉中，我们陷入了一种恶性循环，逐渐远离真正的快乐、真实的生活。

也许我们真的太累了，我们疲惫的内心，需要得到休憩的空间。

在不断追逐的过程中，我们是不是可以尝试着放弃一些复杂的东西，让一切都恢复简单的面孔。其实生活本身并不复杂，真正复杂的是我们的内心。因而，要想恢复简单的生活，必须从"心"开始。

对"幸福"的需求是永无止境的，没完没了地去追求大家普遍认同的"幸福"——大房子、新汽车、时髦服装、朋友、事业，尽管可以在某些方面得到一时的快乐和满足，却无法获得内心的真正满足。这些东西尽管绚烂，尽管浮华，尽管带着美丽的外表，穿着诱人的洋装，但最终带给我们的，却只能是患得患失的压力和永无止境的挣扎。

想要获得真正的幸福，就必须褪去层层叠叠的枷锁，脱去生活复杂的洋装，就像故事中乘凉的人那样，呼吸清新自由的空气，悠闲而又自在地享受简单的生活。

生活本身并不复杂，真正复杂的是我们的内心。

太忙碌，会错失身边的风景

生活中，无数人的口头禅是"我忙啊"。没时间回家看看，没时间与好友聚会，没时间慢慢恋爱……

朋友啊，要充分享受生活，就一定要学会放慢脚步。当你停止疲于奔命时，你会发现生命中未被发掘出来的美；当生活在欲求永无止境的状态时，你永远都无法体会到生活的真谛。

虽然放慢脚步对一向急躁惯了的现代人来说是件难上加难的事，而且许多人对此根本就无暇考虑。但享受生活的一个重要条件就是，你必须注意自己的所作所为,然后放慢脚步。

因为我们总是在赶时间,所以很少有机会与朋友进行心灵的恳谈,结果我们就变得越来越孤独;因为忙碌,我们只知根据温度来添减衣服,却忽略了四季的更替,就这样不知不觉地过了一年又一年。因为我们忙得没有时间注意所有征兆,甚至连身体有病的早期征兆都觉察不出来……

古人云:"此生闲得宜为家,业是吟诗与看花。"这种寄生于绿柳红墙的庄园主情趣,现代人怕是难得再享受了。

英国散文家斯蒂文生在散文《步行》中写道:"我们这样匆匆忙忙地做事、写东西、挣财产,想在永恒时间的微笑的静默中有一刹那使我们的声音让人可以听见,我们竟忘掉了一件大事,在这件大事中这些事只是细目,那就是生活。我们钟情、痛饮,在地面来去匆匆,像一群受惊的羊。可是你得问问你自己:在一切完了之后,你原来如果坐在家里炉旁快快活活地想着,是否比较好些。静坐着默想——记起女子们的面孔而不起欲念,想到人们的丰功伟绩,快意而不羡慕,对一切事物和一切地方有同情的了解,而却安心留在你所在的地方和身份——这不是同时懂得智慧和德行，不是和幸福住在一起吗……"他告诫我们，太忙碌，会忘却生活的本来意义和幸福。

时间飞快地从我们身边滑过，开始我们总认为这样紧张忙碌是有价值的，结果我们最终两手空空地走向了时光的尽头。

所以，放慢一些脚步，尽情地去享受你的人生、你的生活吧！因为享受生活是帮助我们充实人生、帮助人生充满活力的方法。

此生闲得宜为家，业是吟诗与看花。

在人生路上轻装前行

弘一法师出家前的头一天晚上，与自己的学生话别。学生们对老师能割舍一切遁入空门既敬仰又觉得难以理解，一位学生问："老师为何而出家？"

法师淡淡答道："无所为。"学生进而问道："忍抛骨肉乎？"

法师给出了这样的回答："人世无常，如暴病而死，欲不抛又安可得？"

世上人，无论学佛的还是不学佛的，都深知"放下"的重要性。可是真能做到的能有几人？如弘一法师这般放下令人艳羡的社会地位与大好前途、离别妻子骨肉的，可谓少之又少。

"放下"二字，诸多禅味。我们生活在世界上，被诸多事情拖累，事业、爱情、金钱、子女、学业……这些东西看起来都那么重要，一个也不可放下。可是要知道，只有懂得放弃的人，才能达到人生至高的境界。

孟子说:"鱼,我所欲也;熊掌,亦我所欲也,二者不可得兼,舍鱼而取熊掌也。"当我们面临选择时,必须学会放弃。弘一法师为了更高的人生追求,毅然决然地放下了一切。丰子恺在谈到弘一法师为何出家时做了如下分析:

我以为人的生活可以分作三层:一是物质生活,二是精神生活,三是灵魂生活。物质生活就是衣食;精神生活就是学术文艺;灵魂生活就是宗教——"人生"就是这样一座三层楼。首先,懒得(或无力)走楼梯的就住在第一层,即把物质生活弄得很好,锦衣玉食、尊荣富贵、孝子慈孙,这样就满足了——这也是一种人生观,抱这样的人生观的人在世间占大多数。

其次,高兴(或有力)走楼梯的就爬上二层楼去玩玩,或者久居在这里头——这就是专心学术文艺的人,这样的人在世间也很多,即所谓"知识分子""学者""艺术家"。最后,还有一种人,"人生欲"很强,脚力大,对二层楼还不满足,就再走楼梯,爬上三层楼去——这就是宗教徒了。

他们做人很认真,满足了"物质欲"还不够,满足了"精神欲"还不够,必须探求人生的究竟;他们以为财产子孙都是身外之物,学术文艺都是暂时的美景,连自己的身体都是虚幻的存在;他们不肯做本能的奴隶,必须追究灵魂的来源、宇宙的根本,这才能满足他们的"人生欲",这就是宗教徒。我们的弘一大师是一层层地走上去的,故我对于弘一大师的由艺术升华到宗教,一向认为当然,毫不足怪。

丰子恺认为,弘一法师为了探知人生的究竟、登上灵魂生活的楼层,把财产子孙都当作身外物,轻轻放下,轻装前行。这是一种气魄,是凡夫俗子难以领会的情怀。

我们每个人都是背着行囊在人生路上行走，负累的东西少，走得快，就能尽早接触到生命的真意。遗憾的是，我们想要的东西太多了，自身无法摆脱的负累还不够，还要给自己增添莫名的烦忧。

禅宗的一个公案讲述的就是这样一个故事：

希迁禅师住在湖南。禅师有一次问一位新来参学的学僧道："你从什么地方来？"

学僧恭敬地回答："从江西来。"

禅师问："那你见过马祖道一禅师吗？"

学僧回答："见过。"

禅师随意用手指着一堆木柴问道："马祖禅师像一堆木柴吗？"学僧无言以对。

因为在希迁禅师处无法切入，这位学僧就又回到江西见马祖禅师，讲述了他与希迁禅师的对话。马祖道一禅师听完后，问学僧道："你看那一堆木柴大约有多少重？""我没仔细量过。"学僧回答。

马祖哈哈大笑："你的力量实在太大了。"学僧很惊讶，问："为什么呢？"马祖说："你从南岳那么远的地方，背了一堆柴来，还不够有力气?"

仅仅一句话,这位学僧就当成一个莫大的烦恼执着地记在心中,从湖南一路记到江西,耿耿于怀不肯放下,难怪马祖会说他"力气大"。我们的心能有多大的空间,以承载这些无意义的东西?

天空广阔能盛下无数的飞鸟和云,海湖广阔能盛下无数的游鱼和水草,可人并没有天空开阔的视野也没有海广阔的胸襟,要想能有足够轻松自由的空间,就得抛去琐碎的繁杂之物,比如无意义的烦恼、多余的忧愁、虚情假意的阿谀、假模假式的奉承……如果把人生比作一座花园,这些东西就是无用的杂草,我们要学会将这些杂草铲除。

放弃虚名,放弃人事纷争,放弃变了味儿的友谊,放弃失败的爱情,放弃破裂的婚姻,放弃不适合自己的职业,放弃异化扭曲自己的职位,放弃没有意义的交际应酬,放弃坏的情绪,放弃偏见、恶习,放弃不必要的忙碌、压力……勇敢大胆地放下,不要像故事里的那位学僧把一捆重柴背在身上不放手。如果不懂得放下,我们会比那位学僧更可悲,因为我们面对琐碎的生活,需要担起的柴火比他要多得多。

什么都想得到的人,最终可能会为物所累,导致一无所有。

跳出忙碌,丢掉过高的期望

欧仁和他的妻子王佳原来在一家事业单位供职,夫妻双方都有一份稳定的收入。每逢节假日,夫妻俩都会带着 5 岁的女儿小燕去游乐园打球，或者到博物馆去看展览，一家三口其乐融融。

后来，经人介绍，欧仁跳槽去了一家外企，不久，在丈夫的动员下，王佳也离职去了一家外资企业。凭着出色的业绩，欧仁和王佳都成了各自公司的骨干力量。夫妻俩白天拼命工作，有时忙不过来还要把工作带回家。5岁的女儿只能被送到寄宿制幼儿园。

王佳觉得自从自己和丈夫跳槽到体面又风光的外企之后，这个家就有点儿旅店的味道了。孩子一个星期回来一次，有时她要出差，就很难与孩子相见。不知不觉中，孩子幼儿园毕业了，在毕业典礼上，她看到自己的女儿表演节目，竟然有点儿不认得这个懂事却可怜的孩子。

孩子跟着老师学习了那么多，可是在亲情的花园里，她却像孤独的小花儿。王佳频繁的加班侵占了周末陪女儿的时间，以致平时

最疼爱的女儿在自己的眼中也显得有点儿陌生了。这一切都让王佳陷入了一种迷惘和不安当中。

你是否和王佳一样，发现自己经常莫名其妙地陷入一种不安之中，而找不出合理的理由。面对生活，我们的内心会发出微弱的呼唤，只有躲开外在的嘈杂喧闹，静静聆听并听从它，你才会做出正确的选择，否则，你将在匆忙喧闹的生活中迷失，找不到真正的自我。

一些过高的期望其实并不能给你带来快乐，却一直左右着我们的生活：拥有宽敞豪华的寓所；完整的婚姻；让孩子享受最好的教育，成为最有出息的人；努力工作以争取更高的社会地位；能买高档商品，穿名贵的皮革；跟上流行的大潮，永不落伍……

要想过一种简单的生活，改变这些过高期望是很重要的。富裕奢华的生活需要付出巨大的代价，而且并不能相应地给人带来幸福。如果我们降低对物质的需求，改变这种奢华的生活目标，我们将节省更多的时间来充实自己。幸福、快乐、轻松是简单生活追求的目标。这样的生活更能让人认识到生命的真谛所在。

生活需要简单来沉淀。跳出忙碌，丢掉过高的期望，走进自己的内心，认真地体验生活、享受生活，你会发现生活原本就是简单而富有乐趣的。

简单生活不是忙碌的生活，也不是贫乏的生活，它只是一种不让自己迷失的方法，你可以因此抛弃那些纷繁而无意义的生活，全身心投入你的生活，体验生命的激情和至高境界。

跳出忙碌，认真地体验生活、享受生活。

抛开一切，让自己闲一段

一位专栏作家曾这样描述一个美国普通上班族的一天：

7点铃声响起，开始起床忙碌：洗澡，穿职业套装——有些是西装、裙装，另一些是大套服，医务人员穿白色的，建筑工人穿牛仔和法兰绒T恤。吃早餐（如果有时间的话）。抓起水杯和工作包（或者餐盒），跳进汽车，接受每天被称为高峰时间的惩罚。

从上午9点到下午5点工作。装得忙忙碌碌，掩饰错误，微笑着接受不现实的最后期限。当"重组"或"裁员"的斧子（或者直接炒鱿鱼）落在别人头上时，自己长长地舒了一口气。扛起额外增加的工作，不断看表，思想上和你内心的良知斗争，行动上却和你的老板保持一致。再次微笑。

下午5点整，坐进车里，行驶在回家的高速公路上。与配偶、孩子或室友友好相处，吃饭，看电视。8小时天赐的大脑空白。

文章中描写的那种机械无趣的生活离我们并不遥远。我们每天都在一片大脑空白中忙碌着，置身于一件件做不完的琐事和想不到尽头的杂念中，整天忙忙碌碌，丝毫体验不到生活的乐趣，这个时候，我们就需要抛开一切，让自己闲一段，这样，你就会重新找到生活的意义和乐趣。

第二次世界大战时，丘吉尔有一次和蒙哥马利闲谈，蒙哥马利说："我不喝酒，不抽烟，到晚上十点钟准时睡觉，所以我现在还是百分之百的健康。"丘吉尔却说："我刚巧与你相反，我既抽烟，又喝酒，而且从来都没有准时睡过觉，但我现在却是百分之二百的健康。"蒙哥马利感到很吃惊，像丘吉尔这样工作繁忙的政治家，如果生活这样没有规律,哪里会有百分之二百的健康呢?

其实,这其中的秘密就在于丘吉尔能坚持经常放松自己,让心情轻松。即使在战事紧张的周末他还是去游泳;在选举战白热化的时候他还照样去垂钓;他刚一下台就去画画;工作再忙,他也不忘叼一支雪茄放松心情。

学会适当放松心情,你的生活将得到很大改善,把你从混乱无章的感觉中解救出来,让头脑得到彻底净化。

让自己闲一小段时光,是为了更好地迎接接下来的美好生活。

一念心清净,尽享生命清闲

心若清净,凡事简单。如此,才能尽享生命的清闲之福。暇满之身就是健康悠闲,可是世界上的人有清闲不肯享受,有好身体也要去消耗掉,而且真到了清闲暇满,自己反而悲哀起来。这类人内心是喧嚣的,他不知道清净的感觉,不懂清闲的滋味,因此也只能挣扎着活在烦恼的世界里。

赵州和尚问新来的僧人:"你来过这里吗?"

僧人答:"来过!"

赵州和尚便对他说:"吃茶去!"

又问另一个僧人:"你来过这里吗?"

僧人答:"没有。"

赵州和尚也对他说:"吃茶去!"

在一旁的院主奇怪地问:"怎么来过的叫他去吃茶,没有来过的也叫他去吃茶呢？"赵州和尚就叫："院主！"院主答应了一声。赵州和尚就对他说："走，吃茶去！"

　　心若清净才能有心思吃茶，才能品出茶的美好。一个想得太多的人，心灵如同投进石子的湖面，波纹破坏了原来的平静。偶尔为之没有关系，若常常如此，心湖没有静止的时候，那他的人生真是极其可悲了。

　　达到佛境界的人生，才是内心清净的人生，不会想太多，亦不会要求太多，就像母体中的婴儿，处于一种无可无不可的快乐无忧的境界。

　　唐朝时，有一位懒瓒禅师隐居在湖南南岳衡山的一个山洞中，他曾写下一首诗，表达他的心境：

　　世事悠悠，不如山岳，卧藤萝下，块石枕头；不朝天子，岂羡王侯？生死无虑，更复何忧？

　　这首诗传到唐德宗的耳中，德宗心想，这首诗写得如此洒脱，作者一定也是一位洒脱飘逸的人物，应该见一见！于是就派大臣去迎请懒瓒禅师。

　　大臣拿着圣旨东寻西问，总算找到了懒瓒禅师所住的岩洞。见到懒瓒禅师时，正好瞧见禅师在洞中生火做饭。大臣便在洞口大声说道:"圣旨驾到,赶快下跪接旨!"洞中的懒瓒禅师却毫不理睬。

大臣探头一瞧,只见懒瓒禅师以牛粪生火,炉上烧的是地瓜,火愈烧愈炽,整个洞中烟雾弥漫,熏得懒瓒禅师鼻涕纵横、眼泪直流。大臣忍不住说:"和尚,看你脏的!你的鼻涕流下来了,赶紧擦一擦吧!"

懒瓒禅师头也不回地答道:"我才没工夫为俗人擦鼻涕呢!"懒瓒禅师边说着边夹起炙热的地瓜往嘴里送,并连声赞道:"好吃,好吃!"大臣们凑近一看,惊得目瞪口呆,懒瓒禅师吃的东西哪是地瓜呀,分明是像地瓜一样的石头!懒瓒禅师顺手捡了两块递给大臣,并说:"请趁热吃吧!世事都是由心生的,所有东西都来源于知识。贫富贵贱,生熟软硬,你在心里把它看成一样不就行了吗?"

大臣看不惯禅师这些奇异的举动,也听不懂那些深奥的佛法,不敢回答,只好赶回朝廷,添油加醋地把懒瓒禅师的古怪和肮脏禀告皇帝。德宗听后并不生气,反而赞叹地说道:"国内能有这样的

禅师，真是我们大家的福气啊！"

懒瓒禅师乃是真正达到佛的境界的人。在他的眼中没有富贵贫贱，没有生熟软硬，万物在他心里都是一样的，他的心是真正清净的，是没有分别的。

一个人的大清净，并不是寂静无声、死气沉沉，而是看透繁华后的狂欢喜。当落英成泥，漫天的白雪便是最美的景色；当地瓜不在，周围的石头也能在心中散发出地瓜的香甜。一心清净，即使是冰天雪地、万物沉眠，心里的莲花也能处处开遍。

舍弃了无谓的烦恼，保持内心的清净，我们也才能感受到生活的美好和幸福所在。

放下，才能幸福。